全国高等学校计算机教育研究会"十四五"规划教材

全国高等学校
计算机教育研究会
"十四五"
系列教材

丛书主编　郑　莉

ROS2编程

理论与实践
核心篇

张新钰　赵虚左 / 编著

清华大学出版社
北京

内 容 简 介

本书是一本关于ROS2的入门教程。ROS2是机器人操作系统的新一代版本，通过全面迭代升级，ROS2在ROS1的基础上进一步完善，为机器人开发提供更加稳定、高效的解决方案。通过理论与实践的结合，本书由浅入深地帮助机器人领域的读者全面掌握ROS2相关内容，主要包含ROS2的概述以及环境搭建、ROS2通信机制、核心ROS2通信机制补充、ROS2工具如launch、rosbag2、TF(坐标变换)、rviz2可视化、urdf建模等。

通过本书的学习，读者可以了解ROS2的整体框架，掌握机器人的相关理论知识，构建机器人平台并实现机器人的各种实用功能如导航、建图等，为后续的ROS2机器人开发打下坚实的基础。

本书的内容涵盖了ROS2的核心知识点，适合机器人开发人员、自动驾驶开发人员、学生等人群阅读。本书的特点是内容系统性强、资料详细、实用性强、易懂易学，是一本非常实用的ROS2学习教程。

版权所有，侵权必究。举报：010-62782989，beiqinquan@tup.tsinghua.edu.cn。

图书在版编目(CIP)数据

ROS2编程理论与实践核心篇/张新钰，赵虚左编著.
北京：清华大学出版社，2024.8. --（全国高等学校计算机教育研究会"十四五"系列教材）. -- ISBN 978-7-302-67014-8

Ⅰ. TP242

中国国家版本馆CIP数据核字第20246UV254号

责任编辑：谢 琛　薛 阳
封面设计：傅瑞学
责任校对：刘惠林
责任印制：宋 林

出版发行：清华大学出版社
网　　址：https://www.tup.com.cn, https://www.wqxuetang.com
地　　址：北京清华大学学研大厦A座　　　邮　编：100084
社 总 机：010-83470000　　　　　　　　　邮　购：010-62786544
投稿与读者服务：010-62776969, c-service@tup.tsinghua.edu.cn
质量反馈：010-62772015, zhiliang@tup.tsinghua.edu.cn
课件下载：https://www.tup.com.cn, 010-83470236

印 装 者：三河市龙大印装有限公司
经　　销：全国新华书店
开　　本：185mm×260mm　　印　张：16.5　　字　数：403千字
版　　次：2024年9月第1版　　　　　　　　印　次：2024年9月第1次印刷
定　　价：59.90元

产品编号：105057-01

FOREWORD
前言

随着科技的不断发展,机器人技术在各领域的应用越来越广泛。而机器人操作系统(ROS)作为一种用于构建机器人应用程序的软件开发工具包,已成为机器人行业内深受欢迎的开发框架之一。ROS 集开源、免费、易用、低耦合、生态丰富等诸多优点于一身,迅速赢得了广泛的认可和应用。

本书旨在为读者提供 ROS2 的全面学习指南,帮助读者深入了解 ROS2 及环境搭建,通信机制核心,通信机制补充,多种 ROS2 工具如 launch、rosbag2、TF(坐标变换)、rviz2 可视化等。通过本书的学习,读者将系统地掌握 ROS2 的核心知识和工具使用,为机器人开发打下坚实的基础。

第 1 章"ROS2 概述与环境搭建"作为本书的开篇,将带领读者逐步了解 ROS2 的发展历程、组成体系、优势、安装和快速体验等内容。通过本章的学习,读者将对 ROS2 有全面的认识,并为后续学习做好准备。

第 2 章"ROS2 通信机制核心"将重点介绍 ROS2 中的通信机制,包括话题通信、服务通信、动作通信和参数服务等。通过本章的学习,读者将了解不同功能模块之间如何进行数据交互,掌握 ROS2 中通信机制的核心知识。

第 3 章"ROS2 通信机制补充"将进一步介绍分布式框架搭建、重名问题处理、常用 API、通信机制工具等内容,并通过练习强化对 ROS2 通信机制的认识。本章将帮助读者深入理解 ROS2 通信机制的补充知识,为实际应用提供支持。

第 4 章"ROS2 工具之 launch 与 rosbag2"将系统地介绍 ROS2 中的 launch 文件和 rosbag2 工具的使用。通过本章的学习,读者将了解如何使用 launch 文件启动节点和如何使用 rosbag2 工具实现话题消息的录制与回放。

第 5 章"ROS2 工具之坐标变换"将重点介绍 ROS2 中的坐标变换的相关知识,包括坐标相关消息、坐标变换广播、坐标变换监听和坐标变换工具等。通过本章的学习,读者将掌握在 ROS2 中表述和使用相对位置关系的方法。

第 6 章"ROS2 工具之可视化"将介绍 ROS2 中的可视化相关的知识,包括 rviz2 的基本使用和机器人建模等。通过本章的学习,读者将了解如何将机器人产生的数据转换成可视化的信息,并学会在 ROS2 中实现机器人建模。

本书随书配有全套源代码和详细的注释、图片演示及步骤等。

综上所述，本书将通过逐步深入的学习内容，帮助读者系统性地掌握 ROS2 的核心知识和工具使用，为读者在机器人开发领域迈出成功的第一步提供强有力的支持。希望本书能够成为读者学习 ROS2 的良师益友，帮助读者在机器人领域取得更大的成就。

最后，衷心感谢吉新宇、王刚、薛王艳、于恩浩、袁庆达、白云健、张宇博等同学的辛勤付出和宝贵建议。他们在审校过程中的专业知识和细致的观察使得本书更加准确、清晰、贴近读者。

作　者
2023 年 12 月于清华园

课程简介_
课程内容
与收获

课程简介_
课程特点
与答疑

目录

第1章 ROS2概述与环境搭建 ·········· 1

1.1 ROS2简介 ·········· 1
1.1.1 ROS2的发展历程 ·········· 2
1.1.2 ROS2的组成体系 ·········· 4
1.1.3 ROS2的优势 ·········· 5
1.2 ROS2的安装 ·········· 7
1.2.1 安装ROS2 ·········· 7
1.2.2 测试ROS2 ·········· 10
1.3 ROS2的快速体验 ·········· 10
1.3.1 案例简介 ·········· 10
1.3.2 HelloWorld(C++) ·········· 11
1.3.3 HelloWorld(Python) ·········· 13
1.3.4 运行优化 ·········· 15
1.4 ROS2集成开发环境的搭建 ·········· 16
1.4.1 安装VSCode ·········· 16
1.4.2 安装终端 ·········· 19
1.4.3 安装git ·········· 20
1.5 ROS2体系框架 ·········· 20
1.5.1 ROS2文件系统 ·········· 21
1.5.2 ROS2核心模块 ·········· 27
1.5.3 ROS2技术支持 ·········· 30
1.5.4 ROS2应用方向 ·········· 31
1.6 本章小结 ·········· 32

第2章 ROS2通信机制核心 ·········· 34

2.1 通信机制简介 ·········· 34
2.2 话题通信 ·········· 36
2.2.1 话题通信案例需求及分析 ·········· 38
2.2.2 话题通信之原生消息(C++) ·········· 39

2.2.3　话题通信之原生消息(Python) ……………………………………… 43
　　2.2.4　话题通信自定义接口消息 ……………………………………………… 46
　　2.2.5　话题通信之自定义消息(C++) ………………………………………… 47
　　2.2.6　话题通信之自定义消息(Python) ……………………………………… 50
2.3　服务通信 ……………………………………………………………………………… 53
　　2.3.1　服务通信案例需求及分析 ……………………………………………… 54
　　2.3.2　服务通信接口消息 ……………………………………………………… 55
　　2.3.3　服务通信(C++) ………………………………………………………… 56
　　2.3.4　服务通信(Python) ……………………………………………………… 61
2.4　动作通信 ……………………………………………………………………………… 64
　　2.4.1　动作通信的案例需求及分析 …………………………………………… 65
　　2.4.2　动作通信接口消息 ……………………………………………………… 66
　　2.4.3　动作通信(C++) ………………………………………………………… 67
　　2.4.4　动作通信(Python) ……………………………………………………… 73
2.5　参数服务 ……………………………………………………………………………… 77
　　2.5.1　参数服务案例需求及分析 ……………………………………………… 78
　　2.5.2　参数数据类型 …………………………………………………………… 79
　　2.5.3　参数服务(C++) ………………………………………………………… 80
　　2.5.4　参数服务(Python) ……………………………………………………… 85
2.6　本章小结 ……………………………………………………………………………… 90

第 3 章　ROS2 通信机制补充 …………………………………………………………… 91

3.1　分布式通信 …………………………………………………………………………… 91
3.2　工作空间覆盖 ………………………………………………………………………… 93
3.3　元功能包 ……………………………………………………………………………… 95
3.4　节点重名 ……………………………………………………………………………… 96
　　3.4.1　ros2 run 设置节点名称 ………………………………………………… 97
　　3.4.2　launch 文件设置节点名称 ……………………………………………… 97
　　3.4.3　编码设置节点名称 ……………………………………………………… 99
3.5　话题重名 ……………………………………………………………………………… 99
　　3.5.1　ros2 run 设置话题名称 ………………………………………………… 100
　　3.5.2　launch 文件设置话题名称 ……………………………………………… 101
　　3.5.3　编码设置话题名称 ……………………………………………………… 102
3.6　时间相关 API ………………………………………………………………………… 103
　　3.6.1　Rate ……………………………………………………………………… 104
　　3.6.2　Time ……………………………………………………………………… 105
　　3.6.3　Duration ………………………………………………………………… 106
　　3.6.4　Time 与 Duration 运算 ………………………………………………… 107
3.7　通信机制工具 ………………………………………………………………………… 109

	3.7.1 命令工具 …………………………………………………………… 109
	3.7.2 rqt 工具箱 …………………………………………………………… 111
3.8	通信机制实操 ………………………………………………………………… 113
	3.8.1 话题通信案例需求及分析 ………………………………………………… 113
	3.8.2 话题通信的实现 …………………………………………………………… 114
	3.8.3 服务通信案例需求及分析 ………………………………………………… 117
	3.8.4 服务通信的实现 …………………………………………………………… 118
	3.8.5 动作通信案例需求及分析 ………………………………………………… 124
	3.8.6 动作通信的实现 …………………………………………………………… 125
	3.8.7 参数服务案例需求及分析 ………………………………………………… 133
	3.8.8 参数服务的实现 …………………………………………………………… 134
3.9	本章小结 …………………………………………………………………… 137

第 4 章 ROS2 工具之 launch 与 rosbag2 ………………………………………… 138

4.1	启动文件 launch 简介 ………………………………………………………… 138
4.2	launch 之 Python 实现 ……………………………………………………… 144
	4.2.1 节点设置 …………………………………………………………………… 144
	4.2.2 Python 实现执行指令 ……………………………………………………… 147
	4.2.3 Python 实现参数设置 ……………………………………………………… 148
	4.2.4 Python 实现文件包含 ……………………………………………………… 149
	4.2.5 Python 实现分组设置 ……………………………………………………… 150
	4.2.6 添加事件 …………………………………………………………………… 151
4.3	launch 之 XML、YAML 实现 ………………………………………………… 152
	4.3.1 案例需求及分析 …………………………………………………………… 152
	4.3.2 XML、YAML 实现执行指令 ……………………………………………… 154
	4.3.3 XML、YAML 实现参数设置 ……………………………………………… 155
	4.3.4 XML、YAML 实现文件包含 ……………………………………………… 156
	4.3.5 XML、YAML 实现分组设置 ……………………………………………… 156
4.4	录制回放工具——rosbag2 …………………………………………………… 157
	4.4.1 rosbag2 命令工具 ………………………………………………………… 158
	4.4.2 rosbag2 编程(C++) ……………………………………………………… 158
	4.4.3 rosbag2 编程(Python) …………………………………………………… 162
4.5	本章小结 …………………………………………………………………… 165

第 5 章 ROS2 工具之坐标变换 …………………………………………………… 167

5.1	坐标变换简介 ………………………………………………………………… 167
5.2	坐标相关消息 ………………………………………………………………… 169
5.3	坐标变换广播 ………………………………………………………………… 170
	5.3.1 坐标系广播案例及分析 …………………………………………………… 171

- 5.3.2 静态广播器(命令) …… 172
- 5.3.3 静态广播器(C++) …… 173
- 5.3.4 静态广播器(Python) …… 176
- 5.3.5 动态广播器(C++) …… 179
- 5.3.6 动态广播器(Python) …… 182
- 5.3.7 坐标点发布案例及分析 …… 184
- 5.3.8 坐标点发布(C++) …… 185
- 5.3.9 坐标点发布(Python) …… 187
- 5.4 坐标变换监听 …… 189
  - 5.4.1 坐标系变换案例需求及分析 …… 189
  - 5.4.2 坐标系变换(C++) …… 191
  - 5.4.3 坐标系变换(Python) …… 193
  - 5.4.4 坐标点变换(C++) …… 196
  - 5.4.5 坐标点变换(Python) …… 199
- 5.5 坐标变换工具 …… 200
- 5.6 坐标变换实操 …… 202
  - 5.6.1 乌龟跟随案例需求及分析 …… 202
  - 5.6.2 乌龟跟随的实现(C++) …… 203
  - 5.6.3 乌龟跟随的实现(Python) …… 212
  - 5.6.4 乌龟护航案例需求及分析 …… 218
  - 5.6.5 乌龟护航的实现(C++) …… 219
  - 5.6.6 乌龟护航的实现(Python) …… 221
- 5.7 本章小结 …… 222

第6章 ROS2 工具之可视化 …… 223

- 6.1 可视化简介 …… 223
- 6.2 rviz2 的基本使用 …… 224
  - 6.2.1 rviz2 的安装 …… 224
  - 6.2.2 rviz2 的启动 …… 224
  - 6.2.3 rviz2 的界面布局 …… 224
  - 6.2.4 rviz2 中的预定义插件 …… 225
  - 6.2.5 rviz2 的插件示例 …… 226
- 6.3 rviz2 集成 urdf 的基本流程 …… 227
  - 6.3.1 rviz2 集成 urdf 案例需求及分析 …… 227
  - 6.3.2 rviz2 集成 urdf 案例的实现 …… 228
- 6.4 urdf 的使用语法 …… 231
  - 6.4.1 urdf 语法 01_robot …… 231
  - 6.4.2 urdf 语法 02_link …… 232
  - 6.4.3 urdf 语法 03_joint …… 234

　　　　6.4.4　urdf 练习 …………………………………………………… 239
　　　　6.4.5　urdf 工具 …………………………………………………… 243
　6.5　urdf 优化之 xacro ……………………………………………………… 244
　　　　6.5.1　xacro 快速体验 ……………………………………………… 244
　　　　6.5.2　xacro 使用语法 ……………………………………………… 246
　　　　6.5.3　xacro 练习 …………………………………………………… 249
　6.6　本章小结 ………………………………………………………………… 253

第 1 章 ROS2 概述与环境搭建

本章导论

ROS 是机器人操作系统(Robot Operating System)的英文缩写,是用于构建机器人应用程序的软件开发工具包。ROS 因集开源、免费、易用、低耦合、生态丰富等诸多优点于一身,迅速成为机器人行业内最受欢迎的开发框架之一,在学术、民用、商业、军事、航空航天等领域有着广泛的应用,并且随着 ROS2 对 ROS1 的全面迭代升级,ROS 日趋完善,可以预见,未来很长一段时间,ROS 仍将是机器人开发的中坚力量,而对于 ROS 自身而言,ROS1 会慢慢退出,ROS2 则冉冉升起。

ROS2 概述与环境搭建_引言

本章作为 ROS2 核心教程的开篇,以 ROS2 的综述性知识为主,会循序渐进地带领大家认识 ROS2、安装 ROS2 并搭建其集成开发环境,为 ROS2 的全方位学习做好准备。

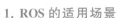 1.1 ROS2 简 介

1. ROS 的适用场景

机器人是一种高度复杂的系统性实现,机器人设计包含机械结构设计、机械加工、硬件设计、嵌入式软件设计、上层软件设计等诸多模块,是各种硬件与软件的有机结合,甚至可以说机器人系统是当今工业体系的集大成者。机器人体系是相当庞大的,其复杂度之高,以至于没有任何个人、组织甚至公司能够独立完成系统性的机器人研发生产任务。

那么问题随之而来:既然机器人实现如此困难,那么我们应该如何开展相关工作呢?

一种合适的策略是合作。让机器人研发者专注于自己擅长的领域,其他模块则直接复用相关领域更专业研发团队的实现,当然自身的研究也可以被他人继续复用。这种基于"复用"的分工协作,遵循了不重复发明轮子的原则,显然是可以大大提高机器人的研发效率的,尤其是随着机器人硬件越来越丰富,软件库越来越庞大,这种复用性和模块化开发需求也越发强烈。

在此大背景下,便诞生了 ROS。ROS 是一套机器人通用软件框架,可以提升功能模块的复用性,并且随着 ROS2 的推出,ROS 日臻完善,是机器人软件开发的不二之选。

2. ROS 的概念

ROS 是用于构建机器人应用程序的软件开发工具包。ROS 是开源的，它由一组软件库和若干工具组成。

在机器人领域，ROS 是一个标准软件平台，这个平台为开发者提供了构建机器人应用程序所需的各个功能模块，并且开发者能够以"可插拔"的方式组织各个功能模块，无论开发者的程序是用于课堂实验、科学研究、原型设计或是最终产品，ROS 都提供了一站式的技术支持。

另外需要注意的是，ROS 虽然字面意思是机器人操作系统，但是它并非经典意义上的操作系统，更准确地讲，ROS 是一个 SDK（Software Development Kit，软件开发工具包）。

3. ROS 的作用

秉着"不要重复发明轮子"的原则，通过 ROS 可以复用已有功能并方便快捷地拓展新功能。

ROS2 简介 ROS 概念 与作用

1.1.1 ROS2 的发展历程

ROS2 简介 ROS2 发展 历程

1. ROS2 发展的起源

2007 年，一家名为柳树车库（Willow Garage）的机器人公司发布了 ROS，ROS 集开源、免费、高复用、低耦合、工具丰富等诸多优势于一身，一经推出便迅速吸引了大量的开发者、科研人员、硬件供应商的加入，形成了稳定且多样的机器人生态，ROS 也水到渠成地成了机器人领域的主流软件框架并流行至今。

但是自 ROS 诞生的十几年来，不管是机器人相关软件、硬件还是 ROS 社区都发生了天翻地覆的变化，ROS1 也存在一些设计上的先天性缺陷，这些因素导致 ROS1 在许多应用场景下显得力不从心。此背景下，官方于 2017 正式推出了新一代机器人操作系统——ROS2，ROS2 基于全新的设计框架，保留了 ROS1 的优点并改进其缺陷，ROS2 的目标是适应新时代的新需求。

2. ROS2 的发行版本

ROS 发行版是一组版本化的 ROS 功能包，它类似于 Linux 发行版（例如 Ubuntu）。ROS 发行版的目的是让开发人员可以在一个相对稳定的代码库上工作，直到新的发行版推出。

表 1-1 为 ROS2 各不同发布版本的简单说明。

表 1-1　ROS 不同发布版本的简单说明

发 行 版	发 布 日 期	标　　志	停止维护日期
Iron Irwini	2023 年 5 月 23 日	待定	2024 年 11 月
Humble Hawksbill	2022 年 5 月 23 日		2027 年 5 月

续表

发 行 版	发 布 日 期	标　　志	停止维护日期
Galactic Geochelone	2021 年 5 月 23 日		2022 年 11 月
Foxy Fitzroy	2020 年 6 月 5 日		2023 年 5 月
Eloquent Elusor	2019 年 11 月 22 日		2020 年 11 月
Dashing Diademata	2019 年 5 月 31 日		2021 年 5 月
Crystal Clemmys	2018 年 12 月 14 日		2019 年 12 月
Bouncy Bolson	2018 年 7 月 2 日		2019 年 7 月

发 行 版	发 布 日 期	标　　志	停止维护日期
Ardent Apalone	2017 年 12 月 8 日		2018 年 12 月
beta3	2017 年 9 月 13 日		2017 年 12 月
beta2	2017 年 7 月 5 日		2017 年 9 月
beta1	2016 年 12 月 19 日		2017 年 7 月
alpha1～alpha8	2015 年 8 月 31 日		2016 年 12 月

ROS2 版本发布特点如下：

- 发布版本与 Ubuntu 版本对应，生命周期也与 Ubuntu 保持一致，正常情况下偶数年份发布长支持版(5 年)，奇数年份发布短支持版(2 年)。
- 版本名称由形容词＋名词的格式组成，这一点与 Ubuntu 版本名称规则一致。
- 正常情况下，在每年的 5 月 23 日，即世界海龟日，发布新版本。

需要另外说明的是：官方于 2020 年发布了 ROS1 的最终版本，并将于 2025 年终止 ROS1 的维护。而早在 2017 年就已经推出了 ROS2 的第一个正式版本，并且随着 ROS2 的不断完善，于 2022 年又推出 ROS2 的第一个 5 年长支持版。对于 ROS 而言，这是一个里程碑式的事件，这意味着自此开始，ROS2 将全面取代 ROS1。

1.1.2　ROS2 的组成体系

整个 ROS 生态由通信(Plumbing)、工具(Tools)、功能(Capabilities)与社区(Community)四部分组成(如图 1-1 所示)。

图 1-1　ROS2 的组成

ROS2 简介_ROS2 组成体系

1. 通信

通信是整个 ROS 系统的核心实现，是 ROS 内置的一个消息传递系统，通常称为 Middleware(中间件)或 Plumbing(管道)。

在构建新的应用程序或使用与硬件交互的软件时，如何实现通信是首当其冲要解决的问题，为此 ROS 提供了专门的消息传递系统，它可以管理不同节点之间的通信细节，提高开发者的工作效率。这套消息传递系统使用了"面向接口"的编程思想，可以通过清晰规范的接口，将不同模块分离，从而也将故障隔离。这使得 ROS 系统更易于维护、扩展性更强且保证了程序的高复用性。

接口规范可以由开发者自行定义。同时为了方便使用，在ROS中也提供了许多标准的接口，这些标准接口有着广泛的应用，例如，将雷达或摄像头数据传输到可视化的用户界面或是传输到定位算法模块，都会使用到标准接口。

2. 工具

构建机器人应用程序极具挑战性。开发者除了会遇到一些传统的软件开发问题外，还需要通过传感器或执行器与物理世界进行异步交互。显而易见，良好的开发工具可以提高应用程序的开发效率，在ROS中就内置了launch、调试、可视化、绘图、录制回放等一系列工具。这些工具不光可以提高开发效率，还可以在发布产品时直接包含在产品之中。

3. 功能

ROS生态系统是机器人软件的聚宝盆。无论开发者需要用于GPS的设备驱动程序、用于四足仿生机器人的步行和平衡控制器，还是用于移动机器人的地图系统，ROS都能满足需求。从驱动程序到算法，再到用户界面，ROS都提供了相关实现，开发者只需专注于自身应用程序即可。

ROS的目标是提供一站式的技术支持，降低构建机器人应用程序的门槛。ROS希望任何开发者都可以将自己的"创意"变为现实，而无须了解底层软件和硬件的所有内容。

4. 社区

ROS社区规模庞大、多样且全球化，从学生和业余爱好者到跨国公司及政府机构，各行各业的人和组织都在推动着ROS项目的发展。

该项目的社区中心和中立管家是Open Robotics，它托管共享在线服务（例如ROS官网：https://www.ros.org/），创建和管理分发版本（包括我们安装的二进制包），并开发和维护大部分ROS核心软件。Open Robotics还提供与ROS相关的工程服务。

1.1.3　ROS2的优势

1. ROS与其他机器人软件框架相比

ROS是构建机器人的最快捷方式。

（1）开源

ROS一直是开源的，并且将永远是开源的，以确保全世界的爱好者、开发人员可以自由、不受限制地访问高质量、一流、功能齐全的机器人SDK。另外官方也在其他开源项目之上构建ROS，ROS会尽可能地利用并遵循开放标准（例如OMG的DDS）。

ROS2简介_
ROS2优势_
01 横向比较

（2）免费

官方鼓励用户对ROS做出开源贡献，也欢迎提出宝贵意见，但不干涉开发者将ROS集成进非开源软件，不反对将ROS集成进专有产品。

（3）多平台支持

ROS2支持Linux、Windows和macOS以及各种嵌入式平台（通过micro-ROS）并且不同平台都已经通过了官方测试，这意味着通过ROS2可以实现开发、部署后端管理系统和用户界面的无缝衔接。分层支持模型还允许将ROS2移植到诸如实时和嵌入式操作系统等新平台上，以便在获得关注和投资时将ROS2引入和推广到这些新平台中。

ROS2简介_
ROS2优势_
02 纵向比较

（4）应用领域广泛

ROS可以在各种机器人应用中使用，从室内到室外，从家用到汽车，从水下到太空，从消费市场到工业领域，ROS都可以独当一面。

（5）全球化社区

十多年来，ROS项目通过培育由数百万开发人员和用户组成的全球化社区，为机器人技术做出贡献和改进，从而产生了一个庞大的机器人软件生态系统。ROS由该社区开发并为该社区服务，该社区将成为其未来的管理者。

（6）可缩短产品上市时间

ROS提供了开发机器人应用程序所需的工具、库和功能，使开发者可以将更多的时间花费在与自身业务相关的工作上。由于它还是开源的，所以开发者可以决定何时何处使用ROS，甚至还可以根据自身需求修改ROS。另外ROS是友好的，不具排他性，开发者可以在ROS和其他机器人软件框架之间自由选择，或者也可以将ROS与其他软件框架集成，以取长补短。

（7）广泛的行业支持

业界对ROS的支持非常强大。除了在ROS上开发产品外，来自世界各地的大大小小的公司都在投入资源为ROS做出开源贡献。

（8）业界肯定

整个机器人行业都依赖于ROS。ROS是教授机器人技术的标准，是大多数机器人研究的基础，从单个学生项目到多机构合作再到大型竞赛，ROS都占据着主导地位。世界各地不计其数的机器人内部都运行着ROS，仅在自主移动机器人（AMR）中，ROS就帮助创造了数十亿美元的价值。

2. ROS2较之于ROS1的优势

ROS2是全新一代机器人操作系统，不只是功能增强的ROS1。

（1）去中心化

在ROS1中使用master节点管理调度ROS系统，这存在极大的安全隐患，一旦master节点异常退出，那么会导致整个系统的崩溃。在ROS2中采用了去中心化，各个节点之间无须通过master关联，各个节点都是等态的，可以相互发现彼此。

（2）全新通信底层实现

秉着不重复发明轮子的原则，ROS2不再自实现通信底层，而是直接更换为DDS（Data Distribution Service，数据分发服务）通信，这使得ROS2较之ROS1无论是通信的实行性、可靠性还是连续性都有大幅度提升。

（3）应用场景更为广泛

ROS1在设计之初有着以下天生的硬件优势以及局限性：

- 单机；
- 工作站级的计算资源；
- 无实时性要求（有此类需求也可以以特殊方式满足）；
- 出色的网络连接（有线或近距离高带宽无线）；
- 主要用于学术界；
- 灵活有余而约束不足。

这些特性导致了它的一些先天性缺陷，不能适应新时代的需求，比如：

- 对多机器人编队支持欠佳；
- 小型嵌入式平台不能很好地支持ROS；

- 实时性差；
- ROS 之间的数据传输受网络质量影响严重；
- 产品不易落地。

随着 ROS2 的推出，上述场景的缺陷都得到很大程度的修复。

（4）大量采用新技术、新的设计理念

随着 ROS 数十年的发展，大量的新技术也产生、改进、成熟并被广泛采用，ROS 也开始引入并应用一些新技术，比如：

- DDS；
- Zeroconf；
- ZeroMQ；
- Redis；
- WebSockets。

这些新技术为 ROS 带来了更多的便利，例如更少的维护成本，却有着更多的功能拓展，并且随着第三方库的升级而持续受益。

此外，ROS2 还重构了 API 系统，改进了 ROS1 的 API 在设计上的不足。

ROS2 简介_小结

1.2 ROS2 的安装

本节主要介绍如何在 Ubuntu 操作系统上安装 ROS2，所以在安装之前需要先准备好与 ROS2 版本相匹配的 Ubuntu 操作系统。

1.2.1 安装 ROS2

整体而言，ROS2 的安装步骤不算复杂，大致步骤如下。

（1）准备 1：设置语言环境。
（2）准备 2：启动 Ubuntu universe 存储库。
（3）设置软件源。
（4）安装 ROS2。
（5）配置环境。

请注意：虽然安装比较简单，但是安装过程比较耗时，需要耐心等待。

1. 准备 1：设置语言环境

请先检查本地语言环境是否支持 UTF-8 编码，可调用如下指令检查并设置 UTF-8 编码：

ROS2 安装_步骤 1 设置编码

```
locale                                          #检查是否支持 UTF-8

sudo apt update && sudo apt install locales
sudo locale-gen en_US en_US.UTF-8
sudo update-locale LC_ALL=en_US.UTF-8 LANG=en_US.UTF-8
export LANG=en_US.UTF-8

locale                                          #验证设置是否成功
```

注意：语言环境可以不同，但必须支持UTF-8编码。

2. 准备2：启动Ubuntu universe存储库

常用的启动Ubuntu universe存储库方式有两种：图形化操作与命令行操作。

- 方式1：图形化操作

打开软件与更新（Software & Updates）窗口，确保启动了universe存储库，以保证可以下载"社区维护的免费和开源软件"（如图1-2所示）。

图1-2 启动Ubuntu universe存储库

- 方式2：命令行操作

通过如下命令检查是否已经启动了Ubuntu universe存储库：

```
apt-cache policy | grep universe
  500 http://us.archive.ubuntu.com/ubuntu jammy/universe amd64 Packages
    release v=22.04,o=Ubuntu,a=jammy,n=jammy,l=Ubuntu,c=universe,b=amd64
```

如果没有如上所示的输出，可调用如下命令启动Ubuntu universe存储库：

```
sudo apt install software-properties-common
sudo add-apt-repository universe
```

3. 设置软件源

先将ROS2 apt存储库添加到系统，用apt授权我们的GPG密钥：

```
#! sudo apt update && sudo apt install curl gnupg lsb-release
sudo curl -sSL https://raw.githubusercontent.com/ros/rosdistro/master/ros.key -o /usr/share/keyrings/ros-archive-keyring.gpg
```

然后将存储库添加到源列表：

```
#! echo "deb [arch=$(dpkg --print-architecture) signed-by=/usr/share/keyrings/ros-archive-keyring.gpg] http://packages.ros.org/ros2/ubuntu $(source/
```

```
etc/os-release && echo $UBUNTU_CODENAME) main" | sudo tee /etc/apt/sources.list.
d/ros2.list > /dev/null
```

4. 安装 ROS2

首先更新 apt 存储库缓存：

```
sudo apt update
```

ROS2 安装_
步骤 4 安装

然后升级已安装的软件（ROS2 软件包建立在经常更新的 Ubuntu 系统上，在安装新软件包之前请确保系统是最新的）：

```
sudo apt upgrade
```

安装桌面版 ROS2（建议），包含 ROS、RViz、示例与教程，安装命令如下：

```
sudo apt install ros-humble-desktop
```

或者，也可以安装基础版 ROS2，包含通信库、消息包、命令行工具，但是没有 GUI 工具，安装命令如下：

```
sudo apt install ros-humble-ros-base
```

5. 配置环境

终端下，执行 ROS2 程序时，需要调用如下命令配置环境：

```
source /opt/ros/humble/setup.bash
```

ROS2 安装_
步骤 5 配置
环境

每次新开终端时，都得执行上述命令，或者也可以执行如下命令，将配置环境指令写入"~/.bashrc"文件，那么每次新启动终端时，不需要再手动配置环境：

```
echo "source /opt/ros/humble/setup.bash" >> ~/.bashrc
```

到目前为止，ROS2 就安装且配置完毕了。

6. 卸载 ROS2（谨慎操作）

ROS2 安装完毕之后，如果想卸载 ROS2，可以执行如下命令：

```
sudo apt remove ~nros-humble-* && sudo apt autoremove
```

ROS2 安装_
卸载方式
以及小结

还可以再删除 ROS2 对应的存储库：

```
sudo rm /etc/apt/sources.list.d/ros2.list
sudo apt update
sudo apt autoremove
# Consider upgrading for packages previously shadowed.
sudo apt upgrade
```

ROS2 安装_
测试 ROS2

1.2.2 测试 ROS2

在 ROS2 中已经内置了一些案例，安装完毕之后，就可以运行这些案例，以测试 ROS2 的安装与配置是否正常，在此，我们选用 ROS2 内置的小乌龟案例，具体操作如下。

（1）打开两个终端（可以使用快捷键 Ctrl＋Alt＋T）。

（2）终端 1 中输入指令：ros2 run turtlesim turtlesim_node，执行完毕，会启动一个绘有小乌龟的窗口。

（3）终端 2 中输入指令：ros2 run turtlesim turtle_teleop_key，执行完毕，可以在此终端中通过键盘控制乌龟运动。

运行结果示例如图 1-3 所示。

ROS2 安装_
安装 colcon
构建工具

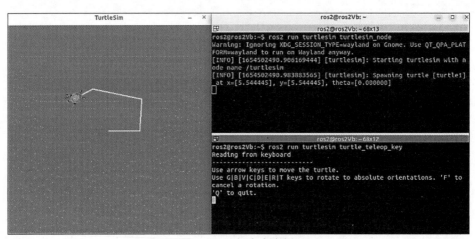

图 1-3　运行官方案例

注意：在使用键盘控制乌龟运动时，需要保证光标聚焦在终端 2 中，否则乌龟无响应。

◆ 1.3　ROS2 的快速体验

ROS2 中涉及的编程语言以 C++ 和 Python 为主，ROS2 中的大多数功能两者都可以实现，在本系列教程中，如无特殊情况，每一个案例也都会分别使用 C++ 和 Python 两种方案来演示。本节我们将介绍一个最基本的案例——ROS2 版本的 Hello World，通过学习本节内容，用户可以了解 ROS2 程序的编写、编译与执行流程。

ROS2 快速
体验_案例
简介

1.3.1　案例简介

1. 案例需求

编写 ROS2 程序，要求程序运行时，可以在终端输出文本"Hello World"。

2. 案例准备

无论是使用 C++ 还是 Python 编写 ROS2 程序，都需要依赖于工作空间，在此，我们先实现工作空间的创建与编译，打开终端，输入如下指令：

```
mkdir -p ws00_helloworld/src    #创建工作空间以及子级目录 src,工作空间名称可以自定义
```

```
cd ws00_helloworld                          #进入工作空间
colcon build                                #编译
```

上述指令执行完毕，将创建 ws00_helloworld 目录，且该目录下包含 build、install、log、src 共 4 个子级目录。

3. 案例流程简介

工作空间创建完毕后，我们可以在工作空间下的 src 目录中编写 C++ 或 Python 程序，且两种语言的实现流程大致一致，主要包含如下步骤。

（1）创建功能包；
（2）编辑源文件；
（3）编辑配置文件；
（4）编译；
（5）执行。

下面我们会详细介绍具体的实现细节。

1.3.2 HelloWorld（C++）

1. 创建功能包

终端下，进入 ws00_helloworld/src 目录，使用如下指令创建一个 C++ 功能包：

```
ros2 pkg create pkg01_helloworld_cpp --build-type ament_cmake --dependencies
rclcpp --node-name helloworld
```

ROS2 快速体验_HelloWorld（C++）_01 基本流程

执行完毕，在 src 目录下将生成一个名为 pkg01_helloworld_cpp 的目录，且目录中已经默认生成了一些子级文件与文件夹。

2. 编辑源文件

进入 pkg01_helloworld_cpp/src 目录，该目录下有一个 helloworld.cpp 文件，修改文件内容如下：

```cpp
#include "rclcpp/rclcpp.hpp"

int main(int argc, char ** argv){
  //初始化 ROS2
  rclcpp::init(argc,argv);
  //创建节点
  auto node = rclcpp::Node::make_shared("helloworld_node");
  //输出文本
  RCLCPP_INFO(node->get_logger(),"hello world!");
  //释放资源
  rclcpp::shutdown();
  return 0;
}
```

ROS2 快速体验_HelloWorld（C++）_02 源码编写

3. 编辑配置文件

在步骤 1 创建功能包时所使用的指令已经默认生成且配置了配置文件，不过实际应用中经常需要自己编辑配置文件，所以在此对相关内容做简单介绍，所使用的配置文件主要有两个，分别是功能包下的 package.xml 与 CMakeLists.txt。

（1）package.xml

文件内容如下：

```xml
<?xml version="1.0"?><?xml-model href="http://download.ros.org/schema/package_format3.xsd" schematypens="http://www.w3.org/2001/XMLSchema"?>
<package format="3">
  <name>pkg01_helloworld_cpp</name>
  <version>0.0.0</version>
  <description>TODO: Package description</description>
  <maintainer email="ros2@todo.todo">ros2</maintainer>
  <license>TODO: License declaration</license>

  <buildtool_depend>ament_cmake</buildtool_depend>

  <!-- 所需要的依赖 -->
  <depend>rclcpp</depend>

  <test_depend>ament_lint_auto</test_depend>
  <test_depend>ament_lint_common</test_depend>

  <export>
    <build_type>ament_cmake</build_type>
  </export>
</package>
```

注释部分以后需要根据实际的包依赖进行添加或修改。

（2）CMakeLists.txt

文件内容如下：

```cmake
cmake_minimum_required(VERSION 3.8)
project(pkg01_helloworld_cpp)

if(CMAKE_COMPILER_IS_GNUCXX OR CMAKE_CXX_COMPILER_ID MATCHES "Clang")
  add_compile_options(-Wall -Wextra -Wpedantic)
endif()

# find dependencies
find_package(ament_cmake REQUIRED)
# 引入外部依赖包
find_package(rclcpp REQUIRED)

# 映射源文件与可执行文件
add_executable(helloworld src/helloworld.cpp)
# 设置目标依赖库
ament_target_dependencies(
  helloworld
```

```
  "rclcpp"
)
#定义安装规则
install(TARGETS helloworld
  DESTINATION lib/${PROJECT_NAME})

if(BUILD_TESTING)
  find_package(ament_lint_auto REQUIRED)
  # the following line skips the linter which checks for copyrights
  # comment the line when a copyright and license is added to all source files
  set(ament_cmake_copyright_FOUND TRUE)
  # the following line skips cpplint (only works in a git repo)
  # comment the line when this package is in a git repo and when
  # a copyright and license is added to all source files
  set(ament_cmake_cpplint_FOUND TRUE)
  ament_lint_auto_find_test_dependencies()
endif()

ament_package()
```

中文注释部分以后可能需要根据实际情况修改。

4. 编译

终端下进入工作空间,执行如下指令:

```
colcon build
```

5. 执行

终端下进入工作空间,执行如下指令:

```
. install/setup.bash
ros2 run pkg01_helloworld_cpp helloworld
```

程序执行,在终端下将输出文本"hello world!"。

1.3.3 HelloWorld(Python)

1. 创建功能包

终端下,进入 ws00_helloworld/src 目录,使用如下指令创建一个 Python 功能包:

```
ros2 pkg create pkg02_helloworld_py --build-type ament_python --dependencies rclpy --node-name helloworld
```

执行完毕,在 src 目录下将生成一个名为 pkg02_helloworld_py 的目录,且目录中已经默认生成了一些子级文件与文件夹。

2. 编辑源文件

进入 pkg02_helloworld_py/pkg02_helloworld_py 目录,该目录下有一个 helloworld.py 文件,修改文件内容如下:

ROS2 快速体验_HelloWorld（Python）_02 源码编写

```python
import rclpy

def main():
    #初始化 ROS2
    rclpy.init()
    #创建节点
    node = rclpy.create_node("helloworld_py_node")
    #输出文本
    node.get_logger().info("hello world!")
    #释放资源
    rclpy.shutdown()

if __name__ == '__main__':
    main()
```

3. 编辑配置文件

与 C++ 类似，在步骤 1 创建功能包时所使用的指令也已经默认生成且配置了配置文件，不过实际应用中经常需要自己编辑配置文件，所以在此对相关内容做简单介绍，所使用的配置文件主要有两个，分别是功能包下的 package.xml 与 setup.py。

（1）package.xml

文件内容如下：

```xml
#!
<?xml version="1.0"?><?xml-model href="http://download.ros.org/schema/package_format3.xsd" schematypens="http://www.w3.org/2001/XMLSchema"?>
<package format="3">
  <name>pkg02_helloworld_py</name>
  <version>0.0.0</version>
  <description>TODO: Package description</description>
  <maintainer email="ros2@todo.todo">ros2</maintainer>
  <license>TODO: License declaration</license>

  <!-- 所需要的依赖 -->
  <depend>rclpy</depend>

  <test_depend>ament_copyright</test_depend>
  <test_depend>ament_flake8</test_depend>
  <test_depend>ament_pep257</test_depend>
  <test_depend>python3-pytest</test_depend>

  <export>
    <build_type>ament_python</build_type>
  </export>
</package>
```

注释部分以后需要根据实际的包依赖进行添加或修改。

（2）setup.py

文件内容如下：

```python
from setuptools import setup

package_name = 'pkg02_helloworld_py'

setup(
    name=package_name,
    version='0.0.0',
    packages=[package_name],
    data_files=[
        ('share/ament_index/resource_index/packages',
            ['resource/' + package_name]),
        ('share/' + package_name, ['package.xml']),
    ],
    install_requires=['setuptools'],
    zip_safe=True,
    maintainer='ros2',
    maintainer_email='ros2@todo.todo',
    description='TODO: Package description',
    license='TODO: License declaration',
    tests_require=['pytest'],
    entry_points={
        'console_scripts': [
            #映射源文件与可执行文件
            'helloworld = pkg02_helloworld_py.helloworld:main'
        ],
    },
)
```

注释部分以后可能需要根据实际情况修改。

4. 编译

终端下进入工作空间,执行如下指令:

```
colcon build
```

5. 执行

终端下进入工作空间,执行如下指令:

```
. install/setup.bash
ros2 run pkg02_helloworld_py helloworld
```

程序执行,在终端下将输出文本"hello world!"。

1.3.4 运行优化

每次终端中执行工作空间下的节点时,都需要调用 install/setup.bash 指令,这样使用很不便,优化策略是,可以将该指令的调用添加进~/setup.bash,操作格式如下:

ROS2 快速体验_运行优化

```
echo "source /{工作空间路径}/install/setup.bash" >> ~/.bashrc
```

示例：

```
echo "source /home/ros2/ws00_helloworld/install/setup.bash" >> ~/.bashrc
```

以后再启动终端时，无须再手动刷新环境变量，使用更方便。

1.4　ROS2 集成开发环境的搭建

集成开发环境搭建_VSCode_01下载安装以及启动

和大多数开发环境一样，理论上，在 ROS2 中，只需要记事本就可以编写基本的 ROS2 程序，但是工欲善其事必先利其器，为了提高开发效率，可以先安装集成开发工具和使用方便的工具：IDE、终端、git。

1.4.1　安装 VSCode

VSCode 全称 Visual Studio Code，是微软公司推出的一款轻量级代码编辑器，免费、开源而且功能强大。它支持几乎所有主流的程序语言的语法高亮、智能代码补全、自定义热键、括号匹配、代码片段、代码对比 Diff、git 等特性，支持插件扩展，并针对网页开发和云端应用开发做了优化。软件跨平台支持 Windows、macOS 以及 Linux。

1. VSCode 的下载

在浏览器搜索 VSCode 并进入其官网，进入下载页面并下载 Ubuntu 对应的版本，本书选择的是 .deb x64 版本的 VSCode（如图 1-4 所示）。

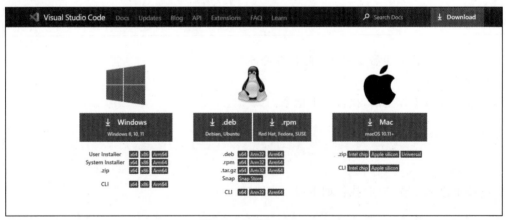

图 1-4　下载 VSCode

2. VSCode 的安装与卸载

（1）安装

方式 1：双击安装即可（或右击选择安装）。

方式 2：sudo dpkg -i xxxx.deb。

（2）卸载

```
sudo dpkg --purge  code
```

3. VSCode 的启动

VSCode 的启动也比较简单,可以直接在 Show Applications(显示应用程序)中搜索 VSCode 直接启动(也可以将其添加到收藏夹);也可以在终端下进入需要被打开的目录(例如前面创建的 ROS2 工作空间 ws00_helloworld),然后输入命令:code。

4. VSCode 插件

VSCode 支持插件扩展,依赖于 VSCode 丰富多样的插件,可以大大提高程序开发效率,为了方便 ROS2 程序开发,我们也需要安装一些插件。

单击侧边栏的 Extensions(插件)选项或者使用快捷键 Ctrl+Shift+X 打开插件窗口,本书建议安装的插件如图 1-5 所示。

集成开发
环境搭建_
VSCode_02
安装插件

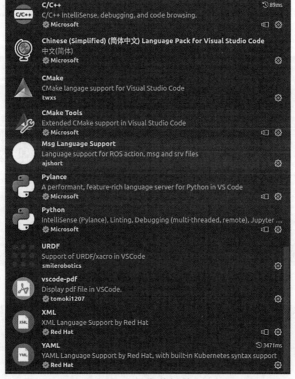

图 1-5 安装插件

当然,上述只是部分推荐插件,大家可以根据自身需求安装其他扩展。

5. VSCode 的配置

在 VSCode 中,cpp 文件中的 #include "rclcpp/rclcpp.hpp" 包含语句会抛出异常,这是因为没有设置 VSCode 配置文件中的 includepath 属性,如图 1-6~图 1-8 所示,可以按照如下步骤解决此问题。

集成开发
环境搭建_
VSCode_03
includepath
配置

(1) 将鼠标移到错误提示语句,此时会出现弹窗。

(2) 单击弹窗中的快速修复,会有新的弹窗,再单击编辑 includePath 设置。

(3) 在新页面中,包含路径属性对应的文本域中,换行输入被包含的路径 /opt/ros/humble/include/**。

至此,问题修复。

图 1-6 includepath 配置 1

图 1-7 includepath 配置 2

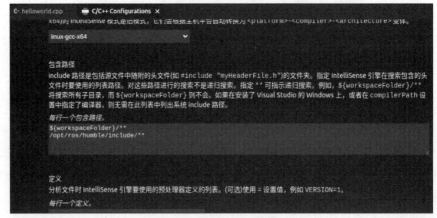

图 1-8 includepath 配置 3

集成开发
环境搭建_
VSCode_04
程序编写

集成开发
环境搭建_
VSCode_05
自修改配置
文件

VSCode 安装并配置完毕后，大家就可以在其中编写 ROS2 程序了。当然为了提高编码效率，我们会经常使用一些快捷键，VSCode 的快捷键可以在菜单栏的"帮助"中查看。

1.4.2 安装终端

在 ROS2 中,需要频繁地使用到终端,且可能需要同时开启多个窗口,这里推荐一款较为好用的终端:Terminator,其使用示例如图 1-9 所示。

图 1-9 Terminator 使用示例

1. 安装 Terminator

```
sudo apt install terminator
```

2. 启动 Terminator

可以直接在 Show Applications(显示应用程序)中搜索 Terminator 直接启动(也可以将其添加到收藏夹);也可以直接使用快捷键 Ctrl+Alt+T 启动。

3. Terminator 常用的快捷键

- 第一部分:关于在同一个标签内的快捷键操作

```
Alt+Up                    //移动到上面的终端
Alt+Down                  //移动到下面的终端
Alt+Left                  //移动到左边的终端
Alt+Right                 //移动到右边的终端
Ctrl+Shift+O              //水平分隔终端
Ctrl+Shift+E              //垂直分隔终端
Ctrl+Shift+Right          //在垂直分隔的终端中将分隔条向右移动
Ctrl+Shift+Left           //在垂直分隔的终端中将分隔条向左移动
Ctrl+Shift+Up             //在水平分隔的终端中将分隔条向上移动
Ctrl+Shift+Down           //在水平分隔的终端中将分隔条向下移动
Ctrl+Shift+S              //隐藏/显示滚动条
Ctrl+Shift+F              //搜索
Ctrl+Shift+C              //复制选中的内容到剪贴板
Ctrl+Shift+V              //粘贴剪贴板的内容到此处
```

集成开发环境搭建_安装 terminator

```
Ctrl+Shift+W                              //关闭当前终端
Ctrl+Shift+Q                              //退出当前窗口,当前窗口的所有终端都将被关闭
Ctrl+Shift+X                              //最大化显示当前终端
Ctrl+Shift+Z                              //最大化显示当前终端并使字体放大
Ctrl+Shift+N or Ctrl+Tab                  //移动到下一个终端
Ctrl+Shift+P or Ctrl+Shift+Tab            //Crtl+Shift+Tab 移动到之前的一个终端
```

- 第二部分:有关各个标签之间的快捷键操作

```
F11                           //全屏开关
Ctrl+Shift+T                  //打开一个新的标签
Ctrl+PageDown                 //移动到下一个标签
Ctrl+PageUp                   //移动到上一个标签
Ctrl+Shift+PageDown           //将当前标签与其后一个标签交换位置
Ctrl+Shift+PageUp             //将当前标签与其前一个标签交换位置
Ctrl+Plus (+)                 //增大字体
Ctrl+Minus (-)                //减小字体
Ctrl+Zero (0)                 //恢复字体到原始大小
Ctrl+Shift+R                  //重置终端状态
Ctrl+Shift+G                  //重置终端状态并清屏
Super+g                       //绑定所有的终端,以便将一个输入输入所有的终端
Super+Shift+G                 //解除绑定
Super+t                       //绑定当前标签的所有终端,向一个终端输入的内容会自动输入到其
                              //他终端
Super+Shift+T                 //解除绑定
Ctrl+Shift+I                  //打开一个窗口,新窗口与原来的窗口使用同一个进程
Super+i                       //打开一个新窗口,新窗口与原来的窗口使用不同的进程
```

1.4.3 安装 git

git 是一个免费和开源的分布式版本控制系统,旨在高速高效地处理从小型到大型项目的所有内容。在 Ubuntu 下可以调用如下命令安装 git:

```
sudo apt install git
```

在本书中会经常使用 git clone 仓库地址的方式将 git 仓库复制到本地。

关于 git 工具的使用,可以在终端下输入 git --help 查看帮助文档。关于 git 的其他详细信息请参考 https://git-scm.com/。

◆ 1.5 ROS2 体系框架

在 1.1.2 节的 ROS2 组成体系中,我们已经简单了解了 ROS2 的体系框架,通过 1.3 节介绍的 ROS2 功能包的编写、编译、执行流程,我们对 ROS2 应用程序的构建有了基本的认识。本节会进一步从微观和宏观两个维度介绍 ROS2 的不同部分,以帮助大家了解 ROS2 的学习、工作内容以及以后可选择的发展方向。

微观上我们会介绍 ROS2 的文件系统、ROS2 的核心模块(通信与工具),这些都是官方

提供的标准内容。宏观上我们会介绍关于 ROS2 的技术支持、ROS2 的应用方向，这部分则是得益于 ROS2 的强大社区。

1.5.1 ROS2 文件系统

立足系统架构（如图 1-10 所示），ROS2 可以划分为如下三层。

（1）操作系统层（OS Layer）

如 1.1.3 节所述，ROS 虽然称为机器人操作系统，但实质只是构建机器人应用程序的软件开发工具包，ROS 必须依赖于传统意义的操作系统，目前 ROS2 可以运行在 Linux、Windows、macOS 或 RTOS 上。

（2）中间层（Middleware Layer）

中间层主要由数据分发服务 DDS 与 ROS2 封装的关于机器人开发的中间件组成。DDS 是一种去中心化的数据通信方式，ROS2 还引入了服务质量管理（Quality of Service）机制，

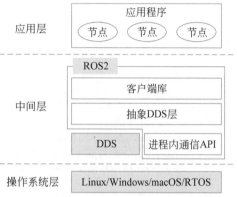

图 1-10　ROS2 系统架构

借助该机制可以保证在某些较差网络环境下也可以具备良好的通信效果。ROS2 中间件则主要由客户端库、DDS 抽象层与进程内通信 API 构成。

（3）应用层（Application Layer）

应用层是指开发者构建的应用程序，在应用程序中是以功能包为核心的，在功能包中可以包含源码、数据定义、接口等内容。

对于一般开发者而言，工作内容主要集中在应用层，开发者一般通过实现具有某一特定功能的功能包来构建机器人应用程序。对应的我们所介绍的 ROS2 文件系统主要是指在硬盘上以功能包为核心的目录与文件的组织形式。

1. ROS2 文件系统概览

功能包是 ROS2 应用程序的核心，但是功能包不能直接构建，必须依赖于工作空间，一个 ROS2 工作空间的目录结构如下：

```
WorkSpace --- 自定义的工作空间。
    |--- build:存储中间文件的目录,该目录下会为每一个功能包创建一个单独子目录。
    |--- install:安装目录,该目录下会为每一个功能包创建一个单独子目录。
    |--- log:日志目录,用于存储日志文件。
    |--- src:用于存储功能包源码的目录。
        |-- C++功能包
            |-- package.xml:包信息,比如包名、版本、作者、依赖项。
            |-- CMakeLists.txt:配置编译规则,比如源文件、依赖项、目标文件。
            |-- src:C++源文件目录。
            |-- include:头文件目录。
            |-- msg:消息接口文件目录。
            |-- srv:服务接口文件目录。
            |-- action:动作接口文件目录。
        |-- Python功能包
```

```
            |-- package.xml:包信息,比如包名、版本、作者、依赖项。
            |-- setup.py:与 C++功能包的 CMakeLists.txt 类似。
            |-- setup.cfg:功能包基本配置文件。
            |-- resource:资源目录。
            |-- test:存储测试相关文件。
            |-- 功能包同名目录:Python 源文件目录。
```

ROS2 体系框架_文件系统_03 编码之初始化与资源释放

另外,无论是 Python 功能包还是 C++功能包,都可以自定义一些配置文件相关的目录。

```
|-- C++或 Python 功能包
    |-- launch:存储 launch 文件。
    |-- rviz:存储 rviz2 配置相关文件。
    |-- urdf:存储机器人建模文件。
    |-- params:存储参数文件。
    |-- world:存储仿真环境相关文件。
    |-- map:存储导航所需的地图文件。
    |-- ......
```

上述这些目录也可以定义为其他名称,或者根据需要创建其他一些目录。

2. ROS2 源文件说明

在 1.3 节 ROS2 的快速体验中,实现第一个 ROS2 程序时,都需要创建节点,无论是 C++实现还是 Python 实现,都是直接实例化的 Node 对象。

C++实例化 Node 示例如下:

```cpp
#include "rclcpp/rclcpp.hpp"
int main(int argc, char ** argv){
  rclcpp::init(argc,argv);
  auto node = rclcpp::Node::make_shared("helloworld_node");
  RCLCPP_INFO(node->get_logger(),"hello world!");
  rclcpp::shutdown();
  return 0;
}
```

Python 实例化 Node 示例如下:

```python
import rclpy
def main():
    rclpy.init()
    node = rclpy.create_node("helloworld_py_node")
    node.get_logger().info("hello world!")
    rclpy.shutdown()
if __name__ == '__main__':
    main()
```

但是在 ROS2 中,上述编码风格是不被推荐的,更推荐以继承 Node 的方式来创建节点对象。

C++ 继承 Node 实现示例如下：

```cpp
#include "rclcpp/rclcpp.hpp"
class MyNode: public rclcpp::Node{public:
    MyNode():Node("node_name"){
        RCLCPP_INFO(this->get_logger(),"hello world!");
    }

};
int main(int argc, char * argv[]){
    rclcpp::init(argc,argv);
    auto node = std::make_shared<MyNode>();
    rclcpp::shutdown();
    return 0;
}
```

Python 继承 Node 实现示例如下：

```python
import rclpyfrom rclpy.node import Node
class MyNode(Node):
    def __init__(self):
        super().__init__("node_name_py")
        self.get_logger().info("hello world!")def main():

    rclpy.init()
    node = MyNode()
    rclpy.shutdown()
```

之所以继承比直接实例化 Node 更被推荐，是因为继承方式可以在一个进程内组织多个节点，这对于提高节点间的通信效率是很有帮助的，但是直接实例化则与该功能不兼容。

3. ROS2 功能包配置文件说明

在 ROS2 功能包中，经常需要开发者编辑一些配置文件以设置功能包的构建信息，功能包类型不同，所需修改的配置文件也有所不同。C++ 功能包的构建信息主要包含在 package.xml 与 CMakeLists.txt 中，Python 功能包的构建信息则主要包含在 package.xml 和 setup.py 中，接下来我们就简单了解一下这些配置文件。

ROS2 体系框架_文件系统_04 配置文件

（1）package.xml

不管是何种类型的功能包，package.xml 的格式都是类似的，在该文件中包含了包名、版本、作者、依赖项的信息，package.xml 可以为 colcon 构建工具确定功能包的编译顺序。一个简单的 package.xml 示例如下：

```xml
<?xml version="1.0"?><?xml-model href="http://download.ros.org/schema/package_format3.xsd" schematypens="http://www.w3.org/2001/XMLSchema"?>
<package format="3">
  <name>pkg01_helloworld_cpp</name>
  <version>0.0.0</version>
  <description>TODO: Package description</description>
  <maintainer email="ros2@todo.todo">ros2</maintainer>
```

```xml
    <license>TODO: License declaration</license>

    <buildtool_depend>ament_cmake</buildtool_depend>
    <depend>rclcpp</depend>

    <test_depend>ament_lint_auto</test_depend>
    <test_depend>ament_lint_common</test_depend>

    <export>
        <build_type>ament_cmake</build_type>
    </export>
</package>
```

① 根标签

＜package＞：该标签为整个 XML 文件的根标签，format 属性用来声明文件的格式版本。

② 元信息标签

- ＜name＞：包名。
- ＜version＞：包的版本号。
- ＜description＞：包的描述信息。
- ＜maintainer＞：维护者信息。
- ＜license＞：软件协议。
- ＜url＞：包的介绍网址。
- ＜author＞：包的作者信息。

③ 依赖项

- ＜buildtool_depend＞：声明编译工具依赖。
- ＜build_depend＞：声明编译依赖。
- ＜build_export_depend＞：声明根据此包构建库所需依赖。
- ＜exec_depend＞：声明执行时依赖。
- ＜depend＞：相当于＜build_depend＞、＜build_export_depend＞、＜exec_depend＞三者的集成。
- ＜test_depend＞：声明测试依赖。
- ＜doc_depend＞：声明构建文档依赖。

(2) CMakeLists.txt

C++ 功能包中需要配置 CMakeLists.txt 文件，该文件描述了如何构建 C++ 功能包，一个简单的 CMakeLists.txt 示例如下：

```
#声明 cmake 的最低版本
cmake_minimum_required(VERSION 3.8)
#包名,需要与 package.xml 中的包名一致
project(pkg01_helloworld_cpp)

if(CMAKE_COMPILER_IS_GNUCXX OR CMAKE_CXX_COMPILER_ID MATCHES "Clang")
```

```
  add_compile_options(-Wall -Wextra -Wpedantic)
endif()

# find dependencies
find_package(ament_cmake REQUIRED)
#引入外部依赖包
find_package(rclcpp REQUIRED)

#映射源文件与可执行文件
add_executable(helloworld src/helloworld.cpp)
#设置目标依赖库
ament_target_dependencies(
  helloworld
  "rclcpp"
)
#定义安装规则
install(TARGETS helloworld
  DESTINATION lib/${PROJECT_NAME})

if(BUILD_TESTING)
  find_package(ament_lint_auto REQUIRED)
  # the following line skips the linter which checks for copyrights
  # comment the line when a copyright and license is added to all source files
  set(ament_cmake_copyright_FOUND TRUE)
  # the following line skips cpplint (only works in a git repo)
  # comment the line when this package is in a git repo and when
  # a copyright and license is added to all source files
  set(ament_cmake_cpplint_FOUND TRUE)
  ament_lint_auto_find_test_dependencies()
endif()

ament_package()
```

在示例中关于文件的使用我们已经通过注释给出了简短说明，其实关于 CMakeLists.txt 的配置是比较复杂的，后续随着学习的深入，我们还会给出更多的补充说明。

（3）setup.py

Python 功能包中需要配置 setup.py 文件，该文件描述了如何构建 Python 功能包，一个简单的 setup.py 示例如下：

```
from setuptools import setup

package_name = 'pkg02_helloworld_py'

setup(
    name=package_name,                              #包名
    version='0.0.0',                                #版本
    packages=[package_name],                        #功能包列表
    data_files=[                                    #需要被安装的文件以及安装路径
```

```
        ('share/ament_index/resource_index/packages',
            ['resource/' + package_name]),
        ('share/' + package_name, ['package.xml']),
    ],
    install_requires=['setuptools'],          #安装依赖
    zip_safe=True,
    maintainer='ros2',                        #维护者
    maintainer_email='ros2@todo.todo',        #维护者 email
    description='TODO: Package description',  #包描述
    license='TODO: License declaration',      #软件协议
    tests_require=['pytest'],                 #测试依赖
    entry_points={
        'console_scripts': [
            #映射源文件与可执行文件
            'helloworld = pkg02_helloworld_py.helloworld:main'
        ],
    },
)
```

使用语法可参考上述示例中的注释。

4. ROS2 功能包操作命令

ROS2 体系框架_文件系统_05 常用命令

ROS2 的文件系统核心是功能包,我们可以通过编译指令 colcon 和 ROS2 内置的工具指令 ros2 来实现功能包的创建、编译、查找与执行等相关操作。

(1) 创建

新建功能包语法如下:

```
ros2 pkg create 包名 --build-type 构建类型 --dependencies 依赖列表 --node-name 可执行程序名称
```

格式解释如下。

- --build-type:功能包的构建类型,有 cmake、ament_cmake、ament_python 三种类型可选。
- --dependencies:所依赖的功能包列表。
- --node-name:可执行程序的名称,会自动生成对应的源文件并生成配置文件。

(2) 编译

编译功能包语法如下:

```
colcon build
```

或

```
colcon build --packages-select 功能包列表
```

前者会构建工作空间下的所有功能包,后者可以构建指定功能包。

(3) 查找

在 ros2 pkg 命令下包含了多个查询功能包相关信息的参数。

```
ros2 pkg executables [包名]    #输出所有功能包或指定功能包下的可执行程序
ros2 pkg list                  #列出所有功能包
ros2 pkg prefix 包名           #列出功能包路径
ros2 pkg xml                   #输出功能包的package.xml内容
```

(4) 执行

执行命令语法如下：

```
ros2 run 功能包 可执行程序 参数
```

小提示：可以通过命令-h 或命令--help 来获取命令的帮助文档。

1.5.2 ROS2 核心模块

通信与工具是 ROS2 的核心模块，也是我们以后学习的重点所在，本节将会介绍通信和工具中涉及的一些知识点。

1. ROS2 通信模块

通信模块是整个 ROS2 架构中的重中之重，比如我们可能想要了解在 ROS2 中是如何控制机器人底盘运动的；雷达、摄像头、imu、GPS 等这些传感器数据是如何传输到 ROS2 系统的；人机交互时调用者如何下发指令，机器人又是如何反馈数据的；导航、机械臂等系统性实现不同模块之间是如何交互数据的；等等。这些都离不开通信模块。另外，开发者构建应用程序时，通信部分在工作内容中占有相当大的比重。

2. ROS2 功能包的应用

功能包的应用主要有以下三种方式。

(1) 二进制安装

ROS 官方或社区提供的功能包可以很方便地通过二进制方式安装，安装命令如下：

```
sudo apt install ros-ROS2 版本代号-功能包名称
```

小提示：用户可以调用 apt search ros-ROS2 版本代号-* | grep -i 关键字格式的命令，根据关键字查找所需的功能包。

(2) 源码安装

也可以直接下载官方、社区或其他第三方提供的源代码，一般我们会从 github 获取源码，下载命令如下：

```
git clone 仓库地址
```

源码下载后，需要自行编译。

(3) 自实现

开发者按照业务需求自己编写功能包实现。

3. ROS2 是分布式架构

ROS2 是一个分布式架构，不同的 ROS2 设备之间可以方便地实现通信，这在多机器人设备协同中是极其重要的。

4. ROS2 终端命令与 rqt

在 ROS2 中提供了丰富的命令行工具，用户可以方便地调试程序、提高开发效率。

rqt 是一个图形化工具，它的功能与命令行工具类似，但是图形化的交互方式更为友好。

示例 1：使用命令行工具在 turtlesim_node 中生成一只新乌龟（如图 1-11 所示）。

ROS2 体系框架_核心模块_02 工具相关

图 1-11　使用指令生成一只新乌龟

示例 2：使用 rqt 在 turtlesim_node 中生成一只新乌龟（如图 1-12 所示）。

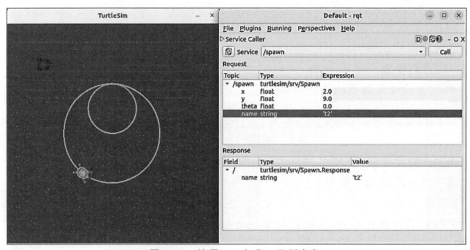

图 1-12　使用 rqt 生成一只新乌龟

5. ROS2 中的 launch 文件

通过 launch 文件，我们可以批量地启动 ROS2 节点，这是在构建大型项目时启动多节点的常用方式。

示例：一次性启动多个 turtlesim_node 节点（如图 1-13 所示）。

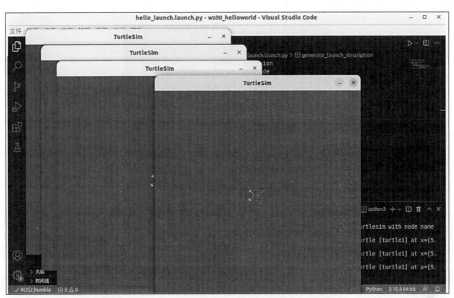

图 1-13　一次性启动多个 turtlesim_node 节点

6. ROS2 中的 TF 坐标变换

TF 坐标变换可以实现机器人不同部件或不同机器人之间相对位置关系的转换。

示例 1：发布机器人不同部件之间的坐标系关系，比如发布摄像头、雷达等传感器相对于车体的安装位姿（如图 1-14 所示）。

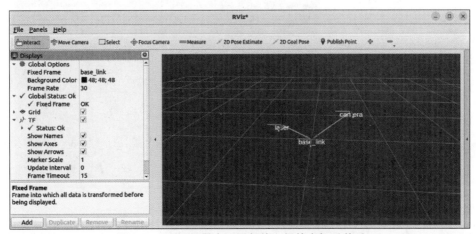

图 1-14　显示机器人不同部件之间的坐标系关系

示例 2：使用 turtlesim_node 模拟机器人编队（如图 1-15 所示）。

7. ROS2 内置可视化工具

ROS2 内置了三维可视化工具 rviz2，它可以图形化的方式显示机器人模型或显示机器人系统中的一些抽象数据。

示例 1：显示传感器数据，通过 rviz2 可以显示摄像机或雷达数据（如图 1-16 所示）。

示例 2：显示机器人模型（如图 1-17 所示）。

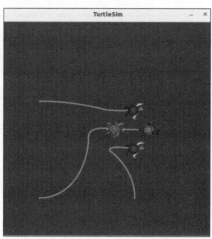

图 1-15　模拟机器人编队

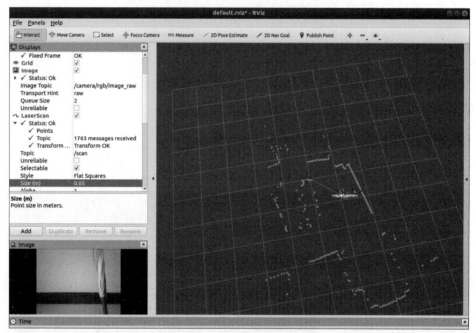

图 1-16　传感器数据可视化

1.5.3　ROS2 技术支持

ROS2 体系框架_技术支持

　　ROS 社区提供了多种技术支持机制,主要包括包文档、问答、论坛、包索引以及问题跟踪,每种机制都有自己的用途,选择合适的技术支持机制可以避免重复提问、减少问题解决时间,并对新思想的交流很有帮助。

　　1. ROS 包文档

　　ROS 核心包的文档以及包的特定内容托管在 ROS 包文档上,用户可以查找 ROS 的官方教程、文档和 API 文档。

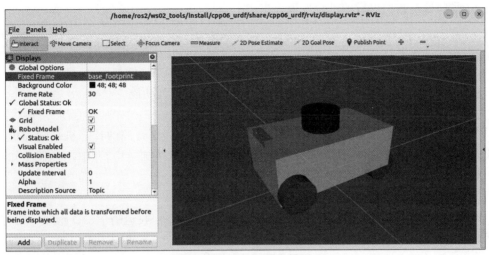

图 1-17 显示机器人模型

2. ROS 问答

如果在学习和工作中,我们遇到解决不了的问题,可以访问 ROS 问答,ROS 问答模块已经涉及 60 000 多个问题且给出了大部分答案。开发者可以先搜索遇到的问题,如果该问题尚未提出,那么可以自行发布相关问题(在发布之前请先查看问题发布指南)。

3. ROS 论坛

在 ROS 论坛我们可以了解 ROS 社区的最新动态。请注意:论坛是发布公告、新闻和讨论共同爱好的地方,请不要在此提出技术问题或提交异常报告。

4. ROS 包索引

在 ROS 包索引我们可以查找特定功能包的信息。

5. 问题跟踪器

当用户发现系统 BUG 或者想请求新功能时,可以在问题跟踪器上提交报告。如果是报告 BUG,那么请务必提供问题的详细描述、问题产生的环境以及可能有助于开发人员重现问题的任何细节,最好能够提供调试回溯。

除了上述多种技术支持外,ROS 社区还会举办一年一度的 ROSCon(ROS 开发者大会),ROSCon 为所有级别的 ROS 开发人员(从初学者到专家)提供了一个机会,所有的开发者可以建立联系、相互学习、分享想法或是向专家请教。ROSCon 一般为期两天,主要包括技术讲座和一些 ROS 教程,其间将介绍新的工具和库,也会介绍已有的工具和库的深层次知识。

ROS 官方的目标是让 ROSCon 代表整个 ROS 社区,这个社区是全球性和多样化的。无论你是谁,无论你做什么,无论你在哪,只要你对 ROS 感兴趣,就希望你能够加入 ROSCon。尤其鼓励女性、少数派成员和其他不具代表性的群体成员参加 ROSCon。

1.5.4　ROS2 应用方向

许多 ROS 团队伴随 ROS 成长到今日,其规模已经发展到足以被认为是独立组织的程度了,在导航、机械臂、无人驾驶、无人机等诸多领域大放异彩,下面列出了其中的一些团队

ROS2 体系框架_应用方向

项目,这些项目对我们以后的进阶发展也提供了指导。

1. Nav2

Nav2 项目继承自 ROS Navigation Stack。该项目旨在可以让移动机器人从 A 点安全地移动到 B 点。它也可以应用于涉及机器人导航的其他应用,例如跟随动态点。Nav2 将用于实现路径规划、运动控制、动态避障和恢复行为等一系列功能。

2. OpenCV

OpenCV(Open Source Computer Vision Library)是一个开源的计算机视觉和机器学习软件库。OpenCV 旨在为计算机视觉应用程序提供通用基础架构,并加速机器感知在商业产品中的使用。OpenCV 允许企业轻松地使用和修改代码。

3. MoveIt

MoveIt 是一组 ROS 软件包,主要包含运动规划、碰撞检测、运动学、3D 感知、操作控制等功能。它可以用于构建机械臂的高级行为。MoveIt 现在可以用于市面上的大多数机械臂,并被许多大公司使用。

4. The Autoware Foundation

The Autoware Foundation 是 ROS 下属的非营利组织,支持实现自动驾驶的开源项目。Autoware 基金会在企业发展和学术研究之间创造协同效应,为每个人提供自动驾驶技术。

5. F1 Tenth

F1 Tenth 是将模型车改为无人车的竞速赛事,是一个由研究人员、工程师和自主系统爱好者组成的国际社区。它最初于 2016 年在宾夕法尼亚大学成立,但后来扩展到全球许多其他机构。

6. microROS

在基于 ROS 的机器人应用中,microROS 正在弥合性能有限的微控制器和一般处理器之间的差距。microROS 在各种嵌入式硬件上运行,使 ROS 能直接应用于机器人硬件。

7. Open Robotics

Open Robotics 与全球 ROS 社区合作,为机器人创建开放的软件和硬件平台,包括 ROS1、ROS2、Gazebo 模拟器和 Ignition 模拟器。Open Robotics 使用这些平台解决一些重要问题,并通过为各种客户组织提供软件和硬件开发服务来帮助其他人做同样的事情。

8. PX4

PX4 是一款用于无人机和其他无人驾驶车辆的开源飞行控制软件。该项目为无人机开发人员提供了一套灵活的工具,用于共享技术并为无人机应用程序创建量身定制解决方案。

9. ROS-Industrial

ROS-Industrial 是一个开源项目,将 ROS 软件的高级功能扩展到工业相关硬件和应用程序。

1.6 本章小结

本章小结

本章主要介绍了 ROS2 的相关概念以及 ROS2 的环境搭建。

概念相关知识点如下:

- ROS2 概念、发展历程、组成体系以及在机器人领域的优势。
- ROS2 体系框架：文件系统、核心模块、技术支持、应用方向。

环境搭建相关知识点如下：

- ROS2 安装与测试。
- ROS2 的"helloworld"实现。
- ROS2 集成开发环境搭建。

在概念部分，我们以时间轴为参考介绍了 ROS2 的发展历程，以空间轴为参考介绍了 ROS2 的组成体系，又分别在横向和纵向两个维度介绍了 ROS2 在机器人研发领域的优势。关于 ROS2 的体系框架则又分别立足微观和宏观的角度介绍了关于 ROS2 的学习内容，介绍了行业的可发展方向。

在环境搭建部分，我们介绍了 ROS2 的具体安装流程。通过 helloworld 程序，读者了解了 ROS2 程序的编写、编译和执行流程。最后还介绍了如何使用 VSCode 搭建对开发者友好的集成开发环境。至此，ROS2 的大门已经敞开，向着未来扬帆起航吧！

第 2 章 ROS2 通信机制核心

ROS2 通信机制核心_引言

本章导论

机器人是一种高度复杂的系统性实现,一个完整的机器人应用程序可能由若干功能模块组成,每个功能模块可能又包含若干功能点,在不同功能模块、不同功能点之间需要频繁地进行数据交互。以导航中的路径规划模块为例:

(1)规划路径时就需要其他功能模块输入数据,并输出数据以被其他模块调用。

(2)输入的数据有地图服务提供的地图数据、定位模块提供的机器人位姿数据、人机交互模块提供的目标点数据等。

(3)输出的路径信息则被运动控制订阅或是回显在人机交互界面上。

那么这些相对独立的功能模块或功能点之间是如何实现数据交互的呢?在此,我们就需要介绍一下 ROS2 中的通信机制了。

2.1 通信机制简介

ROS2 通信机制简介_01 节点与话题

在 ROS2 中通信方式虽然有多种,但是不同通信方式的组成要素都是类似的,例如,通信是双方或多方行为,通信时都需要将不同的通信对象关联,都有各自的模型,交互数据时也必然涉及数据载体等。本节将会介绍通信中涉及的一些术语。

1. 节点

在通信时,不论采用何种方式,通信对象的构建都依赖于节点,在 ROS2 中,一般情况下每个节点都对应某一单一的功能模块(例如雷达驱动节点可能负责发布雷达消息,摄像头驱动节点可能负责发布图像消息)。一个完整的机器人系统可能由许多协同工作的节点组成,ROS2 中的单个可执行文件(C++ 程序或 Python 程序)可以包含一个或多个节点。

2. 话题

话题(Topic)是一个纽带,具有相同话题的节点可以关联在一起,而这正是通信的前提。并且 ROS2 是跨语言的,有的节点可能是使用 C++ 实现的,有的节点可能是使用 Python 实现的,但是只要二者使用了相同的话题,就可以实现数据的交互。

ROS2 通信机制简介_02 通信模型

3. ROS2 通信模型

毋庸置疑,"可视化"的人机交互方式更方便、快捷、美观大方,可以大大提高程序的开发调试效率,对于非专业人员而言也更加友好。

不同的通信对象通过话题关联到一起之后,以何种方式实现通信呢?在 ROS2 中,常用的通信模型有以下 4 种。

(1) 话题通信:一种单向通信模型,在通信双方中,发布方发布数据,订阅方订阅数据,数据流单向地由发布方传输到订阅方。

(2) 服务通信:一种基于请求响应的通信模型,在通信双方中,客户端发送请求数据到服务端,服务端响应结果给客户端。

(3) 动作通信:一种带有连续反馈的通信模型,在通信双方中,客户端发送请求数据到服务端,服务端响应结果给客户端,但是在服务端接收到请求到产生最终响应的过程中,会发送连续的反馈信息到客户端。

(4) 参数服务:一种基于共享的通信模型,在通信双方中,服务端可以设置数据,而客户端可以连接服务端并操作服务端数据。

4. ROS2 通信接口介绍

在通信过程中,需要传输数据,就必然涉及数据载体,也即要以特定格式传输数据。在 ROS2 中,数据载体称为接口(Interface)。通信时使用的数据载体一般需要使用接口文件定义。常用的接口文件有三种:msg 文件、srv 文件与 action 文件。每种文件都可以按照一定格式定义特定数据类型的"变量"。

ROS2 通信机制简介_03 接口

(1) msg 文件介绍

msg 文件是用于定义话题通信中数据载体的接口文件,一个典型的 msg 文件示例如下:

```
int64 num1
int64 num2
```

在文件中声明了一些被传输的类似于 C++ 变量的数据。

(2) srv 文件介绍

srv 文件是用于定义服务通信中数据载体的接口文件,一个典型的 srv 文件示例如下:

ROS2 通信机制简介_04 准备

```
int64 num1
int64 num2
---
int64 sum
```

文件中声明的数据被---分隔为两部分,上半部分用于声明请求数据,下半部分用于声明响应数据。

(3) action 文件介绍

action 文件用于定义动作通信中数据载体的接口文件,一个典型的 action 文件示例如下:

```
int64 num
---
int64 sum
---
float64 progress
```

文件中声明的数据被---分隔为三部分,上半部分用于声明请求数据,中间部分用于声明响应数据,下半部分用于声明连续反馈数据。

（4）接口文件中的变量类型

不管是何种类型的接口文件,在文件中每行声明的数据都由字段类型和字段名称组成,可以使用的字段类型有:

① int8、int16、int32、int64（或者无符号类型:uint*）;

② float32、float64;

③ string;

④ time、duration;

⑤ 其他 msg 文件;

⑥ 变长数组和定长数组。

ROS 中还有一种特殊类型:Header,标头包含时间戳和 ROS2 中常用的坐标帧信息。许多接口文件的第一行包含 Header 标头。

另外,需要说明的是:参数通信的数据无须定义接口文件,参数通信时数据会被封装为参数对象,参数客户端和服务端操作的都是参数对象。

本阶段大家对数据载体做简单的了解即可,其具体使用后续章节会有详细介绍。

5. 本章示例运行前的准备工作

（1）先创建工作空间 ws01_plumbing,本章以及第 3 章代码部分内容存储在该工作空间下。

（2）实际应用中一般建议创建专门的接口功能包定义接口文件,本书也遵循这一建议,预先创建书中所需使用的接口功能包（需要注意的是,目前为止无法在 Python 功能包中定义接口文件）,终端下进入工作空间的 src 目录,执行如下命令:

```
ros2 pkg create --build-type ament_cmake base_interfaces_demo
```

该功能包将用于保存本章教程中自定义的接口文件。

话题通信_场景、概念、作用与消息接口

◆ 2.2 话 题 通 信

1. 话题通信的适用场景

话题通信是 ROS 中使用频率最高的一种通信模式,话题通信是基于发布订阅模式的,也即一个节点发布消息,另一个节点订阅该消息。话题通信的应用场景也极其广泛,比如如下场景:机器人在执行导航功能,使用的传感器是激光雷达,机器人会采集激光雷达感知到的信息并计算,然后生成运动控制信息驱动机器人底盘运动。

在该场景中,不止一次使用到了话题通信。

（1）以激光雷达信息的采集处理为例,在 ROS 中有一个节点需要时时地发布当前雷达采集到的数据,导航模块中也有节点会订阅并解析雷达数据。

（2）以运动消息的发布为例,导航模块会综合多方面数据实时计算出运动控制信息并发布给底盘驱动模块,底盘驱动有一个节点订阅运动信息并将其转换成控制电机的脉冲信号。

以此类推,像雷达、摄像头、GPS等传感器数据的采集,也都是使用了话题通信,话题通信适用于不断更新的数据传输相关的应用场景。

2. 话题通信的概念

话题通信是一种以发布订阅的方式实现不同节点之间数据传输的通信模型。数据发布对象称为发布方,数据订阅对象称为订阅方,发布方和订阅方通过话题相关联,发布方将消息发布在话题上,订阅方则从该话题订阅消息,消息的流向是单向的(如图 2-1 所示)。

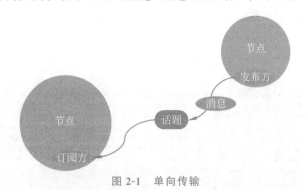

图 2-1　单向传输

话题通信的发布方与订阅方是一种多对多的关系,也即同一话题下可以存在多个发布方,也可以存在多个订阅方,这意味着数据会出现交叉传输的情况,当然如果没有订阅方,数据传输也会出现丢失的情况(如图 2-2 所示)。

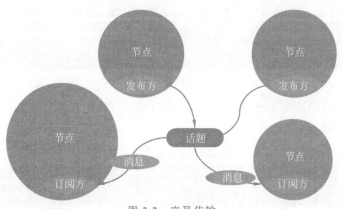

图 2-2　交叉传输

3. 话题通信的作用

话题通信一般应用于不断更新的、少逻辑处理的数据传输场景。

4. 关于消息接口

关于消息接口的使用有以下多种方式。

(1) 在 ROS2 中通过 std_msgs 包封装了一些原生的数据类型,例如 String、Int8、Int16、Int32、Int64、Float32、Float64、Char、Bool、Empty 等,这些原生数据类型也可以作为话题通信的载体,不过这些数据一般只包含一个 data 字段,而 std_msgs 包中其他的接口文件也比较简单,结构的单一意味着功能上的局限性,当传输一些结构复杂的数据时,就显得力不从心了。

(2) 在 ROS2 中还预定义了许多标准话题消息接口,这在实际工作中有着广泛的应用,例如 sensor_msgs 包中定义了许多关于传感器消息的接口(雷达、摄像头、点云等),

geometry_msgs 包中则定义了许多几何消息相关的接口(坐标点、坐标系、速度指令等)。

(3) 如果上述接口文件都不能满足我们的需求,那么就可以自定义接口消息。

具体如何选型,大家可以根据具体情况具体分析。

2.2.1 话题通信案例需求及分析

话题通信_案例以及案例分析

1. 案例需求

需求 1：编写话题通信实现,发布方以某个频率发布一段文本,订阅方订阅消息,并输出在终端(如图 2-3 所示)。

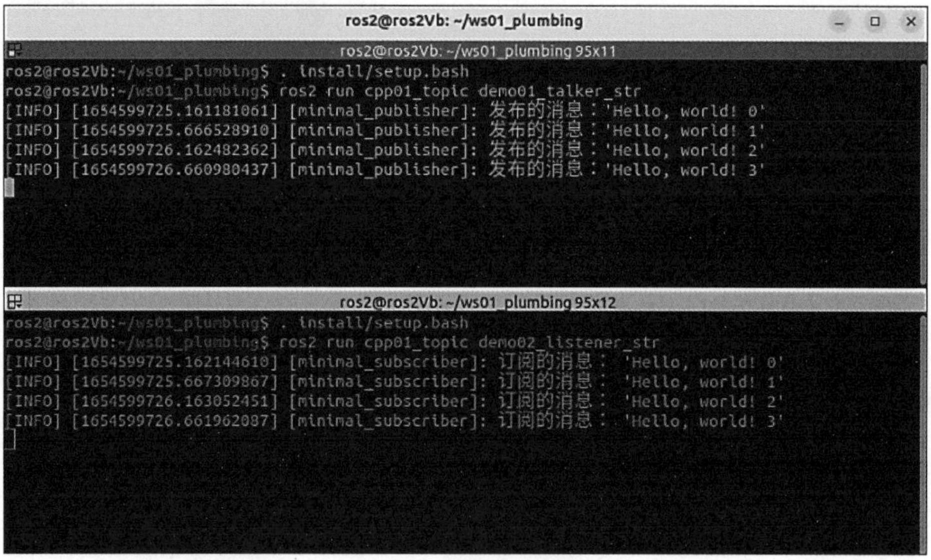

图 2-3 发布文本消息

需求 2：编写话题通信实现,发布方以某个频率发布自定义接口消息,订阅方订阅消息,并输出在终端(如图 2-4 所示)。

图 2-4 发布自定义接口消息

2. 案例分析

在上述案例中,需要关注的要素有以下三个。

(1) 发布方;

(2) 订阅方;

(3) 消息载体。

案例中需求 1 和需求 2 的主要区别在于消息载体,前者可以使用原生的数据类型,后者需要自定义接口消息。

3. 流程简介

案例中需求 2 需要先自定义接口消息,除此之外的实现流程与需求 1 一致,主要步骤如下:

(1) 编写发布方实现;

(2) 编写订阅方实现;

(3) 编辑配置文件;

(4) 编译;

(5) 执行。

案例我们会采用 C++ 和 Python 分别实现,二者都遵循上述实现流程。

4. 准备工作

终端下进入工作空间的 src 目录,调用如下两条命令分别创建 C++ 功能包和 Python 功能包。

```
ros2 pkg create cpp01_topic --build-type ament_cmake --dependencies rclcpp std_msgs base_interfaces_demo
ros2 pkg create py01_topic --build-type ament_python --dependencies rclpy std_msgs base_interfaces_demo
```

2.2.2 话题通信之原生消息(C++)

1. 话题通信之原生消息(C++)发布方实现

在功能包 cpp01_topic 的 src 目录下新建 C++ 文件 demo01_talker_str.cpp,并编辑文件,输入如下内容:

```
/*
   需求:以某个固定频率发送文本"hello world!",文本后缀编号,每发送一条消息,编号递增 1。
   步骤:
     1.包含头文件
     2.初始化 ROS2 客户端
     3.定义节点类
       3-1.创建发布方
       3-2.创建定时器
       3-3.组织消息并发布
     4.调用 spin 函数,并传入节点对象指针
     5.释放资源
*/
```

话题通信_原生消息(C++)_01发布方01源码分析

话题通信_原生消息(C++)_01发布方02框架搭建

话题通信_
原生消息
（C++）_01
发布方03
发布逻辑

```cpp
//1.包含头文件
#include "rclcpp/rclcpp.hpp"
#include "std_msgs/msg/string.hpp"

using namespace std::chrono_literals;

//3.定义节点类
class MinimalPublisher : public rclcpp::Node
{
  public:
    MinimalPublisher()
    : Node("minimal_publisher"), count_(0)
    {
      //3-1.创建发布方
      publisher_ = this->create_publisher<std_msgs::msg::String>("topic", 10);
      //3-2.创建定时器
      timer_ = this->create_wall_timer(500ms, std::bind(&MinimalPublisher::timer_callback, this));
    }

  private:
    void timer_callback()
    {
      //3-3.组织消息并发布
      auto message = std_msgs::msg::String();
      message.data = "Hello, world! " + std::to_string(count_++);
      RCLCPP_INFO(this->get_logger(), "发布的消息:'%s'", message.data.c_str());
      publisher_->publish(message);
    }
    rclcpp::TimerBase::SharedPtr timer_;
    rclcpp::Publisher<std_msgs::msg::String>::SharedPtr publisher_;
    size_t count_;
};

int main(int argc, char * argv[])
{
  //2.初始化ROS2客户端
  rclcpp::init(argc, argv);
  //4.调用spin函数,并传入节点对象指针
  rclcpp::spin(std::make_shared<MinimalPublisher>());
  //5.释放资源
  rclcpp::shutdown();
  return 0;
}
```

2. 话题通信之原生消息（C++）订阅方实现

在功能包 cpp01_topic 的 src 目录下新建 C++ 文件 demo02_listener_str.cpp,并编辑文件,输入如下内容:

话题通信_
原生消息
（C++）_02
订阅方01
框架搭建

话题通信_原生消息（C++）_02 订阅方02 订阅逻辑以及小结

```cpp
/*
    需求：订阅发布方发布的消息，并输出到终端。
    步骤：
        1.包含头文件
        2.初始化 ROS2 客户端
        3.定义节点类
            3-1.创建订阅方
            3-2.处理订阅到的消息
        4.调用 spin 函数，并传入节点对象指针
        5.释放资源
*/

//1.包含头文件
#include "rclcpp/rclcpp.hpp"
#include "std_msgs/msg/string.hpp"
using std::placeholders::_1;

//3.定义节点类
class MinimalSubscriber : public rclcpp::Node
{
  public:
    MinimalSubscriber()
    : Node("minimal_subscriber")
    {
      //3-1.创建订阅方
      subscription_ = this->create_subscription<std_msgs::msg::String>("topic", 10, std::bind(&MinimalSubscriber::topic_callback, this, _1));
    }

  private:
    //3-2.处理订阅到的消息
    void topic_callback(const std_msgs::msg::String & msg) const
    {
      RCLCPP_INFO(this->get_logger(), "订阅的消息: '%s'", msg.data.c_str());
    }
    rclcpp::Subscription<std_msgs::msg::String>::SharedPtr subscription_;
};

int main(int argc, char * argv[])
{
  //2.初始化 ROS2 客户端
  rclcpp::init(argc, argv);
  //4.调用 spin 函数，并传入节点对象指针
  rclcpp::spin(std::make_shared<MinimalSubscriber>());
  //5.释放资源
  rclcpp::shutdown();
  return 0;
}
```

3. 编辑话题通信的配置文件

在 C++ 功能包中,配置文件主要关注 package.xml 与 CMakeLists.txt。

(1) 编辑 package.xml

在创建功能包时,所依赖的功能包已经自动配置了,配置内容如下:

```xml
<depend>rclcpp</depend>
<depend>std_msgs</depend>
<depend>base_interfaces_demo</depend>
```

需要说明的是 `<depend>base_interfaces_demo</depend>` 在本案例中不是必需的。

(2) 编辑 CMakeLists.txt

CMakeLists.txt 中发布和订阅程序的核心配置如下:

```cmake
find_package(rclcpp REQUIRED)
find_package(std_msgs REQUIRED)
find_package(base_interfaces_demo REQUIRED)

add_executable(demo01_talker_str src/demo01_talker_str.cpp)
ament_target_dependencies(
  demo01_talker_str
  "rclcpp"
  "std_msgs"
)

add_executable(demo02_listener_str src/demo02_listener_str.cpp)
ament_target_dependencies(
  demo02_listener_str
  "rclcpp"
  "std_msgs"
)

install(TARGETS
  demo01_talker_str
  demo02_listener_str
  DESTINATION lib/${PROJECT_NAME})
```

4. 编译

在终端中进入当前工作空间,编译功能包:

```
colcon build --packages-select cpp01_topic
```

5. 执行

当前工作空间下,启动两个终端,终端 1 执行发布程序,终端 2 执行订阅程序。

终端 1 输入如下指令:

```
. install/setup.bash
ros2 run cpp01_topic demo01_talker_str
```

终端 2 输入如下指令：

```
. install/setup.bash
ros2 run cpp01_topic demo02_listener_str
```

最终运行结果与案例的需求 1 类似。

2.2.3 话题通信之原生消息（Python）

1. 话题通信之原生消息（Python）发布方实现

在功能包 py01_topic 的 py01_topic 目录下，新建 Python 文件 demo01_talker_str_py.py，并编辑文件，输入如下内容：

话题通信_
原生消息
（Python）_01
发布方实现

话题通信_
原生消息
（Python）_
03vscode
代码片段

```python
"""
    需求：以某个固定频率发送文本"hello world!"，文本后缀编号，每发送一条消息，编号递增 1。
    步骤：
        1.导包
        2.初始化 ROS2 客户端
        3.定义节点类
            3-1.创建发布方
            3-2.创建定时器
            3-3.组织消息并发布
        4.调用 spin 函数，并传入节点对象
        5.释放资源
"""
#1.导包
import rclpy
from rclpy.node import Node
from std_msgs.msg import String


#3.定义节点类
class MinimalPublisher(Node):

    def __init__(self):
        super().__init__('minimal_publisher_py')
        #3-1.创建发布方
        self.publisher_ = self.create_publisher(String, 'topic', 10)
        #3-2.创建定时器
        timer_period = 0.5
        self.timer = self.create_timer(timer_period, self.timer_callback)
        self.i = 0

    #3-3.组织消息并发布
    def timer_callback(self):
        msg = String()
        msg.data = 'Hello World(py): %d' % self.i
        self.publisher_.publish(msg)
```

```
            self.get_logger().info('发布的消息: "%s"' % msg.data)
            self.i += 1


def main(args=None):
    #2.初始化 ROS2 客户端
    rclpy.init(args=args)
    #4.调用 spin 函数,并传入节点对象
    minimal_publisher = MinimalPublisher()
    rclpy.spin(minimal_publisher)
    #5.释放资源
    rclpy.shutdown()


if __name__ == '__main__':
    main()
```

2. 话题通信之原生消息(Python)订阅方实现

在功能包 py01_topic 的 py01_topic 目录下,新建 Python 文件 demo02_listener_str_py.py, 并编辑文件,输入如下内容:

话题通信_
原生消息
(Python)_02
订阅方实现

```
"""
需求:订阅发布方发布的消息,并输出到终端。
步骤:
    1.导包
    2.初始化 ROS2 客户端
    3.定义节点类
        3-1.创建订阅方
        3-2.处理订阅到的消息
    4.调用 spin 函数,并传入节点对象
    5.释放资源
"""

#1.导包
import rclpy
from rclpy.node import Node
from std_msgs.msg import String


#3.定义节点类
class MinimalSubscriber(Node):

    def __init__(self):
        super().__init__('minimal_subscriber_py')
        #3-1.创建订阅方
        self.subscription = self.create_subscription(
            String,
            'topic',
            self.listener_callback,
```

```
            10)
        self.subscription

    #3-2.处理订阅到的消息
    def listener_callback(self, msg):
        self.get_logger().info('订阅的消息:"%s"' % msg.data)


def main(args=None):
    #2.初始化 ROS2 客户端
    rclpy.init(args=args)

    #4.调用 spin 函数,并传入节点对象
    minimal_subscriber = MinimalSubscriber()
    rclpy.spin(minimal_subscriber)

    #5.释放资源
    rclpy.shutdown()


if __name__ == '__main__':
    main()
```

3．编辑话题通信的配置文件

在 Python 功能包中,配置文件主要关注 package.xml 与 setup.py。

（1）编辑 package.xml

在创建功能包时,所依赖的功能包已经自动配置了,配置内容如下：

```
<depend>rclcpp</depend>
<depend>std_msgs</depend>
<depend>base_interfaces_demo</depend>
```

需要说明的是和上一节 C++ 实现一样,＜depend＞base_interfaces_demo＜/depend＞在本案例中不是必需的。

（2）编辑 setup.py

entry_points 字段的 console_scripts 中添加如下内容：

```
entry_points={
    'console_scripts': [
        'demo01_talker_str_py = py01_topic.demo01_talker_str_py:main',
        'demo02_listener_str_py = py01_topic.demo02_listener_str_py:main'
    ],
},
```

4．编译

在终端中进入当前工作空间,编译功能包：

```
colcon build --packages-select py01_topic
```

5. 执行

当前工作空间下，启动两个终端，终端 1 执行发布程序，终端 2 执行订阅程序。

终端 1 输入如下指令：

```
. install/setup.bash
ros2 run py01_topic demo01_talker_str_py
```

终端 2 输入如下指令：

```
. install/setup.bash
ros2 run py01_topic demo02_listener_str_py
```

最终运行结果与案例需求 1 类似。

2.2.4 话题通信自定义接口消息

话题通信_
自定义接
口消息_
接口文件

自定义接口消息的流程与在功能包中编写可执行程序的流程类似，主要步骤如下：
(1) 创建并编辑 msg 文件；
(2) 编辑配置文件；
(3) 编译；
(4) 测试。

接下来，我们可以参考案例的需求 2 编译一个 msg 文件，该文件中包含学生的姓名、年龄、身高等字段。

1. 创建并编辑 msg 文件

在功能包 base_interfaces_demo 下新建 msg 文件夹，msg 文件夹下新建 Student.msg 文件，在文件中输入如下内容：

```
string  name
int32   age
float64 height
```

2. 编辑配置文件

（1）编辑 package.xml 文件

在 package.xml 中需要添加一些依赖包，具体内容如下：

```
<build_depend>rosidl_default_generators</build_depend>
<exec_depend>rosidl_default_runtime</exec_depend>
<member_of_group>rosidl_interface_packages</member_of_group>
```

（2）编辑 CMakeLists.txt 文件

为了将 msg 文件转换成对应的 C++ 和 Python 代码，还需要在 CMakeLists.txt 中添加如下配置：

```
find_package(rosidl_default_generators REQUIRED)

rosidl_generate_interfaces(${PROJECT_NAME}
  "msg/Student.msg"
)
```

3. 编译

在终端中进入当前工作空间，编译功能包：

```
colcon build --packages-select base_interfaces_demo
```

4. 测试

编译完成之后，在工作空间下的 install 目录下将生成 Student.msg 文件对应的 C++ 和 Python 文件，我们也可以在终端下进入工作空间，通过如下命令查看文件定义以及编译是否正常：

```
. install/setup.bash
ros2 interface show base_interfaces_demo/msg/Student
```

正常情况下，终端将会输出与 Student.msg 文件一致的内容。

2.2.5 话题通信之自定义消息（C++）

C++ 文件中包含自定义消息相关头文件时，可能会抛出异常，可以配置 VSCode 中的 c_cpp_properties.json 文件，在文件中的 includePath 属性下添加一行："${workspaceFolder}/install/base_interfaces_demo/include/**"。

添加完毕后，包含相关头文件时，就不会抛出异常了，其他接口文件或接口包的使用也与此同理。

1. 话题通信之自定义消息（C++）发布方实现

在功能包 cpp01_topic 的 src 目录下，新建 C++ 文件 demo01_talker_stu.cpp，并编辑文件，输入如下内容：

```cpp
/*
  需求：以某个固定频率发送学生文本信息，包含学生的姓名、年龄、身高等数据。
*/

//1.包含头文件
#include "rclcpp/rclcpp.hpp"
#include "base_interfaces_demo/msg/student.hpp"

using namespace std::chrono_literals;
using base_interfaces_demo::msg::Student;
//3.定义节点类
class MinimalPublisher : public rclcpp::Node
{
  public:
    MinimalPublisher()
```

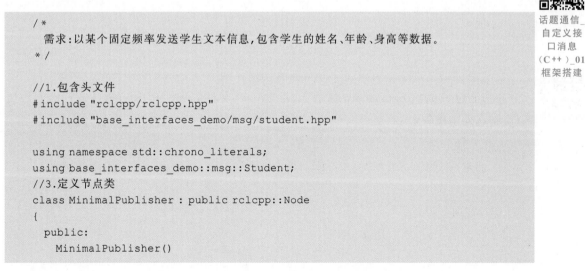

话题通信_自定义接口消息（C++）_01 框架搭建

话题通信_自定义接口消息（C++）_02发布方实现

```
    : Node("student_publisher"), count_(0)
    {
      //3-1.创建发布方
      publisher_ = this->create_publisher<Student>("topic_stu", 10);
      //3-2.创建定时器
      timer_ = this->create_wall_timer(500ms, std::bind(&MinimalPublisher::timer_callback, this));
    }

  private:
    void timer_callback()
    {
      //3-3.组织消息并发布
      auto stu = Student();
      stu.name = "张三";
      stu.age = count_++;
      stu.height = 1.65;
      RCLCPP_INFO(this->get_logger(), "学生信息:name=%s,age=%d,height=%.2f", stu.name.c_str(),stu.age,stu.height);
      publisher_->publish(stu);

    }
    rclcpp::TimerBase::SharedPtr timer_;
    rclcpp::Publisher<Student>::SharedPtr publisher_;
    size_t count_;
};

int main(int argc, char * argv[])
{
  //2.初始化 ROS2 客户端
  rclcpp::init(argc, argv);
  //4.调用 spin 函数,并传入节点对象指针
  rclcpp::spin(std::make_shared<MinimalPublisher>());
  //5.释放资源
  rclcpp::shutdown();
  return 0;
}
```

2. 话题通信之自定义消息（C++）订阅方实现

在功能包 cpp01_topic 的 src 目录下,新建 C++ 文件 demo04_listener_stu.cpp,并编辑文件,输入如下内容：

话题通信_自定义接口消息（C++）_03订阅方实现

```
/*
    需求:订阅发布方发布的学生消息,并输出到终端。
*/

//1.包含头文件
#include "rclcpp/rclcpp.hpp"
#include "base_interfaces_demo/msg/student.hpp"
```

```cpp
using std::placeholders::_1;
using base_interfaces_demo::msg::Student;
//3.定义节点类
class MinimalSubscriber : public rclcpp::Node
{
  public:
    MinimalSubscriber()
    : Node("student_subscriber")
    {
      //3-1.创建订阅方
      subscription_ = this->create_subscription<Student>("topic_stu", 10, std::bind(&MinimalSubscriber::topic_callback, this, _1));
    }

  private:
    //3-2.处理订阅到的消息
    void topic_callback(const Student & msg) const
    {
      RCLCPP_INFO(this->get_logger(), "订阅的学生消息:name=%s,age=%d,height=%.2f", msg.name.c_str(),msg.age, msg.height);
    }
    rclcpp::Subscription<Student>::SharedPtr subscription_;
};

int main(int argc, char * argv[])
{
  //2.初始化ROS2客户端
  rclcpp::init(argc, argv);
  //4.调用spin函数,并传入节点对象指针
  rclcpp::spin(std::make_shared<MinimalSubscriber>());
  //5.释放资源
  rclcpp::shutdown();
  return 0;
}
```

3. 编辑话题通信配置文件

package.xml 无须修改,CMakeLists.txt 文件需要添加如下内容:

```
add_executable(demo03_talker_stu src/demo03_talker_stu.cpp)
ament_target_dependencies(
  demo03_talker_stu
  "rclcpp"
  "std_msgs"
  "base_interfaces_demo"
)

add_executable(demo04_listener_stu src/demo04_listener_stu.cpp)
ament_target_dependencies(
```

话题通信_
自定义
接口消息
(Python)_01
框架搭建

```
  demo04_listener_stu
  "rclcpp"
  "std_msgs"
  "base_interfaces_demo"
)
```

文件中 install 修改为如下内容：

```
install(TARGETS
  demo01_talker_str
  demo02_listener_str
  demo03_talker_stu
  demo04_listener_stu
  DESTINATION lib/${PROJECT_NAME})
```

4. 编译

在终端中进入当前工作空间，编译功能包：

```
colcon build --packages-select cpp01_topic
```

5. 执行

在当前工作空间下，启动两个终端，终端 1 执行发布程序，终端 2 执行订阅程序。
终端 1 输入如下指令：

```
. install/setup.bash
ros2 run cpp01_topic demo03_talker_stu
```

终端 2 输入如下指令：

```
. install/setup.bash
ros2 run cpp01_topic demo04_listener_stu
```

最终运行结果与案例的需求 2 类似。

2.2.6 话题通信之自定义消息（Python）

话题通信_
自定义
接口消息
（Python）_02
发布方实现

Python 文件中导入自定义消息相关的包时，为了方便使用，可以配置 VSCode 中的 settings.json 文件，在文件中的 python.autoComplete.extraPaths 和 python.analysis.extraPaths 属性下添加一行："${workspaceFolder}/install/base_interfaces_demo/local/lib/python3.10/dist-packages"。

添加完毕后，代码可以高亮显示且可以自动补齐，其他接口文件或接口包的使用也与此同理。

1. 话题通信之自定义消息（Python）发布方实现

在功能包 py01_topic 的 py01_topic 目录下，新建 Python 文件 demo03_talker_stu_py.py，并编辑文件，输入如下内容：

```python
"""
    需求:以某个固定频率发送学生文本信息,包含学生的姓名、年龄、身高等数据。
"""
# 1.导包
import rclpy
from rclpy.node import Node
from base_interfaces_demo.msg import Student

# 3.定义节点类
class MinimalPublisher(Node):

    def __init__(self):
        super().__init__('stu_publisher_py')
        # 3-1.创建发布方
        self.publisher_ = self.create_publisher(Student, 'topic_stu', 10)
        # 3-2.创建定时器
        timer_period = 0.5
        self.timer = self.create_timer(timer_period, self.timer_callback)
        self.i = 0

    # 3-3.组织消息并发布
    def timer_callback(self):
        stu = Student()
        stu.name = "李四"
        stu.age = self.i
        stu.height = 1.70
        self.publisher_.publish(stu)
        self.get_logger().info('发布的学生消息(py): name=%s,age=%d,height=%.2f'
        % (stu.name, stu.age, stu.height))
        self.i += 1


def main(args=None):
    # 2.初始化 ROS2 客户端
    rclpy.init(args=args)
    # 4.调用 spin 函数,并传入节点对象
    minimal_publisher = MinimalPublisher()
    rclpy.spin(minimal_publisher)
    # 5.释放资源
    rclpy.shutdown()

if __name__ == '__main__':
    main()
```

2. 话题通信之自定义消息(Python)订阅方实现

在功能包 py01_topic 的 py01_topic 目录下,新建 Python 文件 demo04_listener_stu_py.py,并编辑文件,输入如下内容:

话题通信_
自定义接
口消息
(Python)_03
订阅方实现

```python
"""
    需求:订阅发布方发布的学生消息,并输出到终端。
"""
#1.导包
import rclpy
from rclpy.node import Node
from base_interfaces_demo.msg import Student

#3.定义节点类
class MinimalSubscriber(Node):

    def __init__(self):
        super().__init__('stu_subscriber_py')
        #3-1.创建订阅方
        self.subscription = self.create_subscription(
            Student,
            'topic_stu',
            self.listener_callback,
            10)
        self.subscription

    #3-2.处理订阅到的消息
    def listener_callback(self, stu):
        self.get_logger().info('订阅的消息(py): name=%s,age=%d,height=%.2f' % (stu.name, stu.age, stu.height))


def main(args=None):
    #2.初始化 ROS2 客户端
    rclpy.init(args=args)

    #4.调用 spin 函数,并传入节点对象
    minimal_subscriber = MinimalSubscriber()
    rclpy.spin(minimal_subscriber)

    #5.释放资源
    rclpy.shutdown()


if __name__ == '__main__':
    main()
```

3. 编辑话题通信配置文件

package.xml 无须修改,需要修改 setup.py 文件,entry_points 字段的 console_scripts 中修改为如下内容:

```
entry_points={
    'console_scripts': [
```

```
            'demo01_talker_str_py = py01_topic.demo01_talker_str_py:main',
            'demo02_listener_str_py = py01_topic.demo02_listener_str_py:main',
            'demo03_talker_stu_py = py01_topic.demo03_talker_stu_py:main',
            'demo04_listener_stu_py = py01_topic.demo04_listener_stu_py:main'
        ],
    },
```

4. 编译

在终端中进入当前工作空间，编译功能包：

```
colcon build --packages-select py01_topic
```

5. 执行

在当前工作空间下，启动两个终端，终端1执行发布程序，终端2执行订阅程序。

终端1输入如下指令：

```
. install/setup.bash
ros2 run py01_topic demo03_talker_stu_py
```

终端2输入如下指令：

```
. install/setup.bash
ros2 run py01_topic demo04_listener_stu_py
```

最终运行结果与案例的需求2类似。

话题通信_rqt查看计算图

话题通信_小结

◆ 2.3 服务通信

1. 服务通信的适用场景

服务通信也是 ROS 中一种极其常用的通信模式，服务通信是基于请求响应模式的，是一种应答机制，也即一个节点 A 向另一个节点 B 发送请求，B 接收处理请求并产生响应结果返回给 A。比如如下场景：机器人巡逻过程中，控制系统分析传感器数据发现可疑物体或人，此时需要拍摄照片并留存。

在上述场景中，就使用到了服务通信。数据分析节点 A 需要向相机相关节点 B 发送图片存储请求，节点 B 处理请求，并返回处理结果。

与上述应用类似，服务通信更适用于对实时性有要求、具有一定逻辑处理的应用场景。

2. 服务通信的概念

服务通信是以请求响应的方式实现不同节点之间数据传输的通信模式。发送请求数据的对象称为客户端，接收请求并发送响应的对象称为服务端，同话题通信一样，客户端和服务端也通过话题相关联，不同的是服务通信的数据传输是双向交互式的（如图 2-5 所示）。

服务通信中，服务端与客户端是一对多的关系，也即同一服务话题下，存在多个客户端，每个客户端都可以向服务端发送请求（如图 2-6 所示）。

服务通信_场景、概念与作用

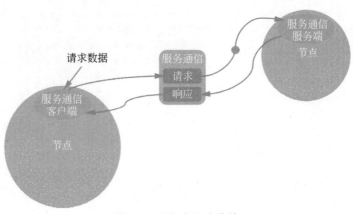

图 2-5 双向交互式传输

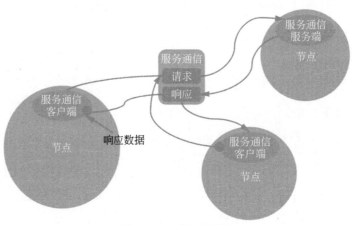

图 2-6 一对多关系图

3. 服务通信的作用

服务通信用于偶然的、对实时性有要求、有一定逻辑处理需求的数据传输场景。

2.3.1 服务通信案例需求及分析

服务通信_案例以及案例分析

1. 案例需求

编写服务通信,客户端可以提交两个整数到服务端,服务端接收请求并解析两个整数求和,然后将结果响应回客户端(如图 2-7 所示)。

2. 案例分析

在上述案例中,需要关注的要素有以下 3 个:

(1) 客户端;

(2) 服务端;

(3) 消息载体。

3. 流程简介

案例实现前需要先自定义服务接口,接口准备完毕后,服务实现的主要步骤如下:

(1) 编写服务端实现;

(2) 编写客户端实现;

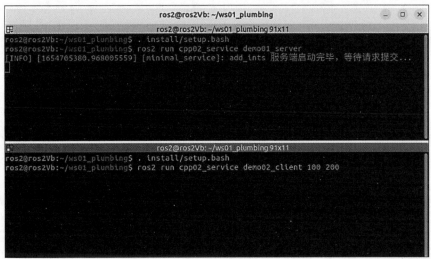

图 2-7 两个整数求和

（3）编辑配置文件；
（4）编译；
（5）执行。

案例我们会采用 C++ 和 Python 分别实现，二者都遵循上述实现流程。

4. 准备工作

终端下进入工作空间的 src 目录，调用如下两条命令分别创建 C++ 功能包和 Python 功能包。

```
ros2 pkg create cpp02_service --build-type ament_cmake --dependencies rclcpp base_interfaces_demo
ros2 pkg create py02_service --build-type ament_python --dependencies rclpy base_interfaces_demo
```

2.3.2 服务通信接口消息

定义服务接口消息与定义话题接口消息流程类似，主要步骤如下：
（1）创建并编辑 srv 文件；
（2）编辑配置文件；
（3）编译；
（4）测试。

接下来，我们可以参考案例编写一个 srv 文件，该文件中包含请求数据（两个整型字段）与响应数据（一个整型字段）。

1. 创建并编辑 srv 文件

在功能包 base_interfaces_demo 下新建 srv 文件夹，srv 文件夹下新建 AddInts.srv 文件，文件中输入如下内容：

```
int32 num1
```

服务通信_
自定义服务
接口

```
int32 num2
---
int32 sum
```

2. 编辑配置文件

（1）编辑 package.xml 文件

srv 文件与 msg 文件的包依赖一致，如果是新建的功能包添加 srv 文件，那么直接参考定义 msg 文件时 package.xml 配置即可。由于我们使用的是 base_interfaces_demo，该包已经为 msg 文件配置过了依赖包，所以 package.xml 不需要做修改。

（2）编辑 CMakeLists.txt 文件

如果是新建的功能包，与之前定义 msg 文件同理，为了将 srv 文件转换成对应的 C++ 和 Python 代码，还需要在 CMakeLists.txt 中添加如下配置：

```
find_package(rosidl_default_generators REQUIRED)

rosidl_generate_interfaces(${PROJECT_NAME}
  "srv/AddInts.srv"
)
```

不过，我们当前使用的是 base_interfaces_demo 包，只需要修改 rosidl_generate_interfaces 函数即可，修改后的内容如下：

```
rosidl_generate_interfaces(${PROJECT_NAME}
  "msg/Student.msg"
  "srv/AddInts.srv"
)
```

3. 编译

在终端中进入当前工作空间，编译功能包：

```
colcon build --packages-select base_interfaces_demo
```

4. 测试

编译完成之后，在工作空间下的 install 目录下将生成 AddInts.srv 文件对应的 C++ 和 Python 文件，我们也可以在终端下进入工作空间，通过如下命令查看文件定义以及编译是否正常：

```
. install/setup.bash
ros2 interface show base_interfaces_demo/srv/AddInts
```

正常情况下，终端将会输出与 AddInts.srv 文件一致的内容。

2.3.3 服务通信（C++）

1. 服务通信（C++）的服务端实现

在功能包 cpp02_service 的 src 目录下，新建 C++ 文件 demo01_server.cpp，并编辑文

件，输入如下内容：

```
/*
    需求:编写服务端,接收客户端发送请求,提取其中两个整型数据,相加后将结果响应回客户端。
    步骤:
        1.包含头文件
        2.初始化 ROS2 客户端
        3.定义节点类
            3-1.创建服务端
            3-2.处理请求数据并响应结果
        4.调用 spin 函数,并传入节点对象指针
        5.释放资源
*/

//1.包含头文件
#include "rclcpp/rclcpp.hpp"
#include "base_interfaces_demo/srv/add_ints.hpp"

using base_interfaces_demo::srv::AddInts;

using std::placeholders::_1;
using std::placeholders::_2;

//3.定义节点类
class MinimalService: public rclcpp::Node{
  public:
    MinimalService():Node("minimal_service"){
        //3-1.创建服务端
        server = this->create_service<AddInts>("add_ints", std::bind(&MinimalService::add, this, _1, _2));
        RCLCPP_INFO(this->get_logger(),"add_ints 服务端启动完毕,等待请求提交...");
    }
  private:
    rclcpp::Service<AddInts>::SharedPtr server;
    //3-2.处理请求数据并响应结果
    void add(const AddInts::Request::SharedPtr req, const AddInts::Response::SharedPtr res){
        res->sum = req->num1 + req->num2;
        RCLCPP_INFO(this->get_logger(),"请求数据:(%d,%d),响应结果:%d", req->num1, req->num2, res->sum);
    }
};

int main(int argc, char const * argv[])
{
  //2.初始化 ROS2 客户端
  rclcpp::init(argc,argv);

  //4.调用 spin 函数,并传入节点对象指针
  auto server = std::make_shared<MinimalService>();
```

```
    rclcpp::spin(server);

    //5.释放资源
    rclcpp::shutdown();
    return 0;
}
```

2. 服务通信（C++）的客户端实现

在功能包 cpp02_service 的 src 目录下，新建 C++ 文件 demo02_client.cpp，并编辑文件，输入如下内容：

服务通信_C++实现_03客户端实现_01流程梳理

服务通信_C++实现_03客户端实现_02创建客户端

服务通信_C++实现_03客户端实现_03连接服务简单实现

```
/*
  需求:编写客户端,发送两个整型变量作为请求数据,并处理响应结果。
  步骤:
    1.包含头文件
    2.初始化 ROS2 客户端
    3.定义节点类
      3-1.创建客户端
      3-2.等待服务连接
      3-3.组织请求数据并发送
    4.创建对象指针调用其功能,并处理响应
    5.释放资源
*/
//1.包含头文件
#include "rclcpp/rclcpp.hpp"
#include "base_interfaces_demo/srv/add_ints.hpp"

using base_interfaces_demo::srv::AddInts;
using namespace std::chrono_literals;

//3.定义节点类
class MinimalClient: public rclcpp::Node{
  public:
    MinimalClient():Node("minimal_client"){
      //3-1.创建客户端
      client = this->create_client<AddInts>("add_ints");
      RCLCPP_INFO(this->get_logger(),"客户端创建,等待连接服务端!");
    }
    //3-2.等待服务连接
    bool connect_server(){
      while (!client->wait_for_service(1s))
      {
        if (!rclcpp::ok())
        {
          RCLCPP_INFO(rclcpp::get_logger("rclcpp"),"强制退出!");
          return false;
        }
```

```cpp
      RCLCPP_INFO(this->get_logger(),"服务连接中,请稍候...");
    }
    return true;
  }
  //3-3.组织请求数据并发送
  rclcpp::Client<AddInts>::FutureAndRequestId send_request(int32_t num1, int32_t num2){
    auto request = std::make_shared<AddInts::Request>();
    request->num1 = num1;
    request->num2 = num2;
    return client->async_send_request(request);
  }


private:
  rclcpp::Client<AddInts>::SharedPtr client;
};

int main(int argc, char ** argv)
{
  if (argc != 3){
    RCLCPP_INFO(rclcpp::get_logger("rclcpp"),"请提交两个整型数据!");
    return 1;
  }

  //2.初始化ROS2客户端
  rclcpp::init(argc,argv);

  //4.创建对象指针并调用其功能
  auto client = std::make_shared<MinimalClient>();
  bool flag = client->connect_server();
  if (!flag)
  {
    RCLCPP_INFO(rclcpp::get_logger("rclcpp"),"服务连接失败!");
    return 0;
  }

  auto response = client->send_request(atoi(argv[1]),atoi(argv[2]));

  //处理响应
  if (rclcpp::spin_until_future_complete(client, response) == rclcpp::FutureReturnCode::SUCCESS)
  {
    RCLCPP_INFO(client->get_logger(),"请求正常处理");
    RCLCPP_INFO(client->get_logger(),"响应结果:%d!", response.get()->sum);

  } else {
    RCLCPP_INFO(client->get_logger(),"请求异常");
  }
```

服务通信_C++实现_03 客户端实现_04 连接服务BUG说明

服务通信_C++实现_03 客户端实现_05 发送请求处理响应

```
    //5.释放资源
    rclcpp::shutdown();
    return 0;
}
```

3.编辑配置文件

(1) 编辑 packages.xml

在创建功能包时,所依赖的功能包已经自动配置了,配置内容如下:

```
<depend>rclcpp</depend>
<depend>base_interfaces_demo</depend>
```

(2) 编辑 CMakeLists.txt

CMakeLists.txt 中服务端和客户端程序核心配置如下:

```
find_package(ament_cmake REQUIRED)
find_package(rclcpp REQUIRED)
find_package(base_interfaces_demo REQUIRED)

add_executable(demo01_server src/demo01_server.cpp)
ament_target_dependencies(
  demo01_server
  "rclcpp"
  "base_interfaces_demo"
)
add_executable(demo02_client src/demo02_client.cpp)
ament_target_dependencies(
  demo02_client
  "rclcpp"
  "base_interfaces_demo"
)

install(TARGETS
  demo01_server
  demo02_client
  DESTINATION lib/${PROJECT_NAME})
```

4.编译

在终端中进入当前工作空间,编译功能包:

```
colcon build --packages-select cpp02_service
```

5. 执行

在当前工作空间下,启动两个终端,终端1执行服务端程序,终端2执行客户端程序。
终端1输入如下指令:

```
. install/setup.bash
ros2 run cpp02_service demo01_server
```

终端2输入如下指令：

```
. install/setup.bash
ros2 run cpp02_service demo02_client 100 200
```

最终运行结果与图 2-7 效果类似。

2.3.4 服务通信（Python）

1. 服务通信（Python）的服务端实现

在功能包 py02_service 的 py02_service 目录下，新建 Python 文件 demo01_server_py.py，并编辑文件，输入如下内容：

服务通信_
Python 实现_
01 框架搭建

服务通信_
Python 实现
_02 服务端
实现

服务通信_
Python 实现
_03 客户端
实现_01
流程梳理

```python
"""
    需求:编写服务端,接收客户端发送请求,提取其中两个整型数据,相加后将结果响应回客户端。
    步骤:
        1.导包
        2.初始化 ROS2 客户端
        3.定义节点类
            3-1.创建服务端
            3-2.处理请求数据并响应结果
        4.调用 spin 函数,并传入节点对象
        5.释放资源
"""

# 1.导包
import rclpy
from rclpy.node import Node
from base_interfaces_demo.srv import AddInts

# 3.定义节点类;
class MinimalService(Node):

    def __init__(self):
        super().__init__('minimal_service_py')
        # 3-1.创建服务端
        self.srv = self.create_service(AddInts, 'add_ints', self.add_two_ints_callback)
        self.get_logger().info("服务端启动!")

    # 3-2.处理请求数据并响应结果
    def add_two_ints_callback(self, request, response):
        response.sum = request.num1 + request.num2
        self.get_logger().info('请求数据:(%d,%d),响应结果:%d' % (request.num1, request.num2, response.sum))
        return response
```

```python
def main():
    # 2.初始化 ROS2 客户端
    rclpy.init()
    # 4.调用 spin 函数,并传入节点对象
    minimal_service = MinimalService()
    rclpy.spin(minimal_service)
    # 5.释放资源
    rclpy.shutdown()


if __name__ == '__main__':
    main()
```

2.服务通信(Python)的客户端实现

在功能包 py02_service 的 py02_service 目录下,新建 Python 文件 demo02_client_py.py,并编辑文件,输入如下内容:

服务通信_Python 实现_03 客户端实现_02 创建客户端并连接服务

服务通信_Python 实现_03 客户端实现_03 请求处理以及小结

```python
"""
    需求:编写客户端,发送两个整型变量作为请求数据,并处理响应结果。
    步骤:
        1.导包
        2.初始化 ROS2 客户端
        3.定义节点类
            3-1.创建客户端
            3-2.等待服务连接
            3-3.组织请求数据并发送
        4.创建对象调用其功能,处理响应结果
        5.释放资源
"""
# 1.导包
import sys
import rclpy
from rclpy.node import Node
from base_interfaces_demo.srv import AddInts


# 3.定义节点类
class MinimalClient(Node):

    def __init__(self):
        super().__init__('minimal_client_py')
        # 3-1.创建客户端
        self.cli = self.create_client(AddInts, 'add_ints')
        # 3-2.等待服务连接
        while not self.cli.wait_for_service(timeout_sec=1.0):
            self.get_logger().info('服务连接中,请稍候...')
        self.req = AddInts.Request()

    # 3-3.组织请求数据并发送
```

```python
    def send_request(self):
        self.req.num1 = int(sys.argv[1])
        self.req.num2 = int(sys.argv[2])
        self.future = self.cli.call_async(self.req)


def main():
    # 2.初始化 ROS2 客户端
    rclpy.init()

    # 4.创建对象并调用其功能
    minimal_client = MinimalClient()
    minimal_client.send_request()

    # 处理响应
    rclpy.spin_until_future_complete(minimal_client,minimal_client.future)
    try:
        response = minimal_client.future.result()
    except Exception as e:
        minimal_client.get_logger().info(
            '服务请求失败：%r' % (e,))
    else:
        minimal_client.get_logger().info(
            '响应结果：%d + %d = %d' %
            (minimal_client.req.num1, minimal_client.req.num2, response.sum))

    # 5.释放资源
    rclpy.shutdown()


if __name__ == '__main__':
    main()
```

3. 编辑配置文件

（1）编辑 package.xml

在创建功能包时，所依赖的功能包已经自动配置了，配置内容如下：

```xml
<depend>rclpy</depend>
<depend>base_interfaces_demo</depend>
```

（2）编辑 setup.py

entry_points 字段的 console_scripts 中添加如下内容：

```python
entry_points={
    'console_scripts': [
        'demo01_server_py = py02_service.demo01_server_py:main',
        'demo02_client_py = py02_service.demo02_client_py:main'
    ],
},
```

4. 编译

在终端中进入当前工作空间,编译功能包:

```
colcon build --packages-select py02_service
```

5. 执行

在当前工作空间下,启动两个终端,终端 1 执行动作服务端程序,终端 2 执行动作客户端程序。

终端 1 输入如下指令:

```
. install/setup.bash
ros2 run py02_service demo01_server_py
```

终端 2 输入如下指令:

```
. install/setup.bash
ros2 run py02_service demo02_client_py 100 200
```

最终运行结果与图 2-7 效果类似。

2.4 动作通信

1. 动作通信的场景

关于动作通信,我们先从之前导航中的应用场景开始介绍,描述如下:机器人导航到某个目标点,此过程需要一个节点 A 发布目标信息,然后一个节点 B 接收到请求并控制移动,最终响应目标达成状态信息。

乍一看,这好像是服务通信实现,因为需求中要 A 发送目标,B 执行并返回结果,这是一个典型的基于请求响应的应答模式,不过,如果只是使用基本的服务通信来实现,存在一个问题:导航是一个过程,是耗时操作,如果使用服务通信,那么只有在导航结束时,才会产生响应结果,而在导航过程中,节点 A 是不会获取到任何反馈的,从而可能出现程序"假死"的现象,过程的不可控意味着不良的用户体验,以及逻辑处理的缺陷(比如导航中止的需求无法实现)。更合理的方案应该是:导航过程中,可以连续反馈当前机器人的状态信息,当导航终止时,返回最终的执行结果。在 ROS 中,该实现策略称为动作通信。

2. 动作通信的概念

动作通信适用于长时间运行的任务。就结构而言,动作通信由目标、反馈和结果三部分组成;就功能而言,动作通信类似于服务通信,动作客户端可以发送请求到动作服务端,并接收动作服务端响应的最终结果,不过动作通信可以在请求响应过程中获取连续反馈,并且也可以向动作服务端发送任务取消请求;就底层实现而言,动作通信是建立在话题通信和服务通信之上的,目标发送实现是对服务通信的封装,结果的获取也是对服务通信的封装,而连续反馈则是对话题通信的封装(如图 2-8 所示)。

3. 动作通信的作用

一般适用于耗时的请求响应场景,用以获取连续的状态反馈。

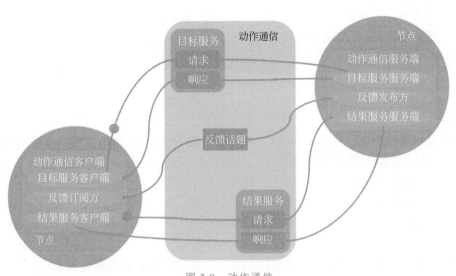

图 2-8 动作通信

2.4.1 动作通信的案例需求及分析

1. 案例需求

编写动作通信,动作客户端提交一个整型数据 N,动作服务端接收请求数据并累加 1～N 的所有整数,将最终结果返回给动作客户端,且每累加一次都需要计算当前运算进度并反馈给动作客户端(如图 2-9 所示)。

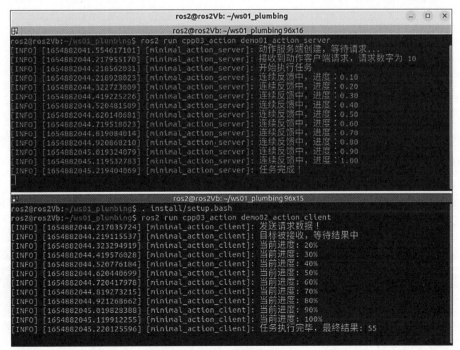

图 2-9 数据累加

2. 案例分析

在上述案例中,需要关注的要素有以下三个:

(1) 动作客户端;

(2) 动作服务端;

(3) 消息载体。

3. 流程简介

案例实现前需要先自定义动作接口,接口准备完毕后,动作通信实现的主要步骤如下:

(1) 编写动作服务端实现;

(2) 编写动作客户端实现;

(3) 编辑配置文件;

(4) 编译;

(5) 执行。

案例我们会采用 C++ 和 Python 分别实现,二者都遵循上述实现流程。

4. 准备工作

在终端下进入工作空间的 src 目录,调用如下两条命令分别创建 C++ 功能包和 Python 功能包。

```
ros2 pkg create cpp03_action --build-type ament_cmake --dependencies rclcpp rclcpp_action base_interfaces_demo
ros2 pkg create py03_action --build-type ament_python --dependencies rclpy base_interfaces_demo
```

动作通信_自定义动作接口

2.4.2 动作通信接口消息

定义动作接口消息与定义话题或服务接口消息流程类似,主要步骤如下:

(1) 创建并编辑 action 文件;

(2) 编辑配置文件;

(3) 编译;

(4) 测试。

接下来我们可以参考案例编写一个 action 文件,该文件中包含请求数据(一个整型字段)、响应数据(一个整型字段)和连续反馈数据(一个浮点型字段)。

1. 创建并编辑 action 文件

在功能包 base_interfaces_demo 下新建 action 文件夹,在 action 文件夹下新建 Progress.action 文件,文件中输入如下内容:

```
int64 num
---
int64 sum
---
float64 progress
```

2. 编辑配置文件

(1) 编辑 package.xml

如果单独构建 action 功能包,需要在 package.xml 中添加一些依赖包,具体内容如下:

```
<buildtool_depend>rosidl_default_generators</buildtool_depend>
<depend>action_msgs</depend>
<member_of_group>rosidl_interface_packages</member_of_group>
```

当前使用的是 base_interfaces_demo 功能包,已经为 msg、srv 文件添加了一些依赖,所以在 package.xml 中添加如下内容即可:

```
<buildtool_depend>rosidl_default_generators</buildtool_depend>
<depend>action_msgs</depend>
```

(2) 编辑 CMakeLists.txt

如果是新建的功能包,与之前定义 msg、srv 文件相同,为了将 action 文件转换成对应的 C++ 和 Python 代码,还需要在 CMakeLists.txt 中添加如下配置:

```
find_package(rosidl_default_generators REQUIRED)

rosidl_generate_interfaces(${PROJECT_NAME}
  "action/Progress.action"
)
```

不过,我们当前使用的是 base_interfaces_demo 包,只需要修改 rosidl_generate_interfaces 函数即可,修改后的内容如下:

```
rosidl_generate_interfaces(${PROJECT_NAME}
  "msg/Student.msg"
  "srv/AddInts.srv"
  "action/Progress.action"
)
```

3. 编译

在终端中进入当前工作空间,编译功能包:

```
colcon build --packages-select base_interfaces_demo
```

4. 测试

编译完成之后,在工作空间下的 install 目录下将生成 Progress.action 文件对应的 C++ 和 Python 文件,我们也可以在终端下进入工作空间,通过如下命令查看文件定义以及编译是否正常:

```
. install/setup.bash
ros2 interface show base_interfaces_demo/action/Progress
```

正常情况下,终端将会输出与 Progress.action 文件一致的内容。

2.4.3 动作通信(C++)

1. 动作通信(C++)动作服务端实现

在功能包 cpp03_action 的 src 目录下,新建 C++ 文件 demo01_action_server.cpp,并编

动作通信_
C++实现
01 框架搭建

辑文件，输入如下内容：

动作通信_
C++实现_02
服务端_01
流程说明

动作通信_
C++实现_02
服务端_02
回调函数
定义

```
/*
    需求：编写动作服务端实现，可以提取客户端请求提交的整型数据，并累加从 1 到该数据之间的
所有整数以求和。
        每累加一次都计算当前运算进度并连续反馈回客户端，最后，将求和结果返回给客户端。
    步骤：
    1.包含头文件
    2.初始化 ROS2 客户端
    3.定义节点类
        3-1.创建动作服务端
        3-2.处理请求数据
        3-3.处理取消任务请求
        3-4.生成连续反馈
    4.调用 spin 函数，并传入节点对象指针
    5.释放资源
*/
//1.包含头文件
#include "rclcpp/rclcpp.hpp"
#include "rclcpp_action/rclcpp_action.hpp"
#include "base_interfaces_demo/action/progress.hpp"

using namespace std::placeholders;
using base_interfaces_demo::action::Progress;
using GoalHandleProgress = rclcpp_action::ServerGoalHandle<Progress>;

//3.定义节点类
class MinimalActionServer : public rclcpp::Node
{
public:

    explicit MinimalActionServer(const rclcpp::NodeOptions & options = rclcpp::
NodeOptions())
    : Node("minimal_action_server", options)
    {
        //3-1.创建动作服务端
        this->action_server_ = rclcpp_action::create_server<Progress>(
            this,
            "get_sum",
            std::bind(&MinimalActionServer::handle_goal, this, _1, _2),
            std::bind(&MinimalActionServer::handle_cancel, this, _1),
            std::bind(&MinimalActionServer::handle_accepted, this, _1));
        RCLCPP_INFO(this->get_logger(),"动作服务端创建,等待请求...");
    }

private:
    rclcpp_action::Server<Progress>::SharedPtr action_server_;

    //3-2.处理请求数据
    rclcpp_action::GoalResponse handle_goal(const rclcpp_action::GoalUUID &
uuid,std::shared_ptr<const Progress::Goal> goal)
    {
        (void)uuid;
        RCLCPP_INFO(this->get_logger(), "接收到动作客户端请求,请求数字为 %ld", goal->num);
```

```cpp
    if (goal->num < 1) {
      return rclcpp_action::GoalResponse::REJECT;
    }
    return rclcpp_action::GoalResponse::ACCEPT_AND_EXECUTE;
  }

  //3-3.处理取消任务请求
  rclcpp_action::CancelResponse handle_cancel(
    const std::shared_ptr<GoalHandleProgress> goal_handle)
  {
    (void)goal_handle;
    RCLCPP_INFO(this->get_logger(), "接收到任务取消请求");
    return rclcpp_action::CancelResponse::ACCEPT;
  }

  void execute(const std::shared_ptr<GoalHandleProgress> goal_handle)
  {
    RCLCPP_INFO(this->get_logger(), "开始执行任务");
    rclcpp::Rate loop_rate(10.0);
    const auto goal = goal_handle->get_goal();
    auto feedback = std::make_shared<Progress::Feedback>();
    auto result = std::make_shared<Progress::Result>();
    int64_t sum= 0;
    for (int i = 1; (i <= goal->num) && rclcpp::ok(); i++) {
      sum += i;
      //检查是否有任务取消请求
      if (goal_handle->is_canceling()) {
        result->sum = sum;
        goal_handle->canceled(result);
        RCLCPP_INFO(this->get_logger(), "任务取消");
        return;
      }
      feedback->progress = (double_t)i / goal->num;
      goal_handle->publish_feedback(feedback);
      RCLCPP_INFO(this->get_logger(), "连续反馈中,进度:%.2f", feedback->progress);

      loop_rate.sleep();
    }

    if (rclcpp::ok()) {
      result->sum = sum;
      goal_handle->succeed(result);
      RCLCPP_INFO(this->get_logger(), "任务完成!");
    }
  }

  //3-4.生成连续反馈
  void handle_accepted(const std::shared_ptr<GoalHandleProgress> goal_handle)
  {
    std::thread{std::bind(&MinimalActionServer::execute, this, _1), goal_handle}.detach();
  }
};
```

动作通信_C++实现_02 服务端_04 取消请求处理

动作通信_C++实现_02 服务端_05 主逻辑

```cpp
int main(int argc, char ** argv)
{
    //2.初始化 ROS2 客户端
    rclcpp::init(argc, argv);
    //4.调用 spin 函数,并传入节点对象指针
    auto action_server = std::make_shared<MinimalActionServer>();
    rclcpp::spin(action_server);
    //5.释放资源
    rclcpp::shutdown();
    return 0;
}
```

2. 动作通信（C++）动作客户端实现

在功能包 cpp03_action 的 src 目录下,新建 C++ 文件 demo02_action_client.cpp,并编辑文件,输入如下内容:

```cpp
/*
    需求:编写动作客户端实现,可以提交一个整型数据到服务端,并处理服务端的连续反馈以及最终返回结果。
    步骤:
        1.包含头文件
        2.初始化 ROS2 客户端
        3.定义节点类
            3-1.创建动作客户端
            3-2.发送请求
            3-3.处理目标发送后的反馈
            3-4.处理连续反馈
            3-5.处理最终响应
        4.调用 spin 函数,并传入节点对象指针
        5.释放资源
*/
//1.包含头文件
#include "rclcpp/rclcpp.hpp"
#include "rclcpp_action/rclcpp_action.hpp"
#include "base_interfaces_demo/action/progress.hpp"

using base_interfaces_demo::action::Progress;
using GoalHandleProgress = rclcpp_action::ClientGoalHandle<Progress>;
using namespace std::placeholders;

//3.定义节点类
class MinimalActionClient : public rclcpp::Node
{
public:

    explicit MinimalActionClient(const rclcpp::NodeOptions & node_options = rclcpp::NodeOptions())
    : Node("minimal_action_client", node_options)
    {
        //3-1.创建动作客户端
        this->client_ptr_ = rclcpp_action::create_client<Progress>(this,"get_sum");
    }

    //3-2.发送请求
```

```cpp
    void send_goal(int64_t num)
    {

      if (!this->client_ptr_) {
        RCLCPP_ERROR(this->get_logger(),"动作客户端未被初始化。");
      }

      if (!this->client_ptr_->wait_for_action_server(std::chrono::seconds(10))) {
        RCLCPP_ERROR(this->get_logger(),"服务连接失败!");
        return;
      }

      auto goal_msg = Progress::Goal();
      goal_msg.num = num;
      RCLCPP_INFO(this->get_logger(),"发送请求数据!");

      auto send_goal_options = rclcpp_action::Client<Progress>::SendGoalOptions();
      send_goal_options.goal_response_callback = std::bind(&MinimalActionClient::goal_response_callback, this, _1);
      send_goal_options.feedback_callback = std::bind(&MinimalActionClient::feedback_callback, this, _1, _2);
      send_goal_options.result_callback = std::bind(&MinimalActionClient::result_callback, this, _1);
      auto goal_handle_future = this->client_ptr_->async_send_goal(goal_msg, send_goal_options);
    }

private:
    rclcpp_action::Client<Progress>::SharedPtr client_ptr_;

    //3-3.处理目标发送后的反馈
    void goal_response_callback(GoalHandleProgress::SharedPtr goal_handle)
    {
      if (!goal_handle) {
        RCLCPP_ERROR(this->get_logger(),"目标请求被服务器拒绝!");
      } else {
        RCLCPP_INFO(this->get_logger(),"目标被接收,等待结果中");
      }
    }

    //3-4.处理连续反馈
    void feedback_callback(GoalHandleProgress::SharedPtr, const std::shared_ptr<const Progress::Feedback> feedback)
    {
      int32_t progress = (int32_t)(feedback->progress * 100);
      RCLCPP_INFO(this->get_logger(),"当前进度:%d%%", progress);
    }

    //3-5.处理最终响应
    void result_callback(const GoalHandleProgress::WrappedResult & result)
    {
      switch (result.code) {
```

动作通信_C++实现_03 客户端_03 回调函数

动作通信_C++实现_03 客户端_04 目标响应

```cpp
      case rclcpp_action::ResultCode::SUCCEEDED:
        break;
      case rclcpp_action::ResultCode::ABORTED:
        RCLCPP_ERROR(this->get_logger(), "任务被中止");
        return;
      case rclcpp_action::ResultCode::CANCELED:
        RCLCPP_ERROR(this->get_logger(), "任务被取消");
        return;
      default:
        RCLCPP_ERROR(this->get_logger(), "未知异常");
        return;
    }

    RCLCPP_INFO(this->get_logger(), "任务执行完毕,最终结果: %ld", result.result
->sum);
  }
};

int main(int argc, char ** argv)
{
  //2.初始化 ROS2 客户端
  rclcpp::init(argc, argv);

  //4.调用 spin 函数,并传入节点对象指针
  auto action_client = std::make_shared<MinimalActionClient>();
  action_client->send_goal(10);
  rclcpp::spin(action_client);
  //5.释放资源
  rclcpp::shutdown();
  return 0;
}
```

3. 编辑配置文件

(1) 编辑 packages.xml

在创建功能包时,所依赖的功能包已经自动配置了,配置内容如下:

```xml
<depend>rclcpp</depend>
<depend>rclcpp_action</depend>
<depend>base_interfaces_demo</depend>
```

(2) 编辑 CMakeLists.txt

CMakeLists.txt 中服务端和客户端程序核心配置如下:

```
find_package(rclcpp REQUIRED)
find_package(rclcpp_action REQUIRED)
find_package(base_interfaces_demo REQUIRED)

add_executable(demo01_action_server src/demo01_action_server.cpp)
ament_target_dependencies(
  demo01_action_server
  "rclcpp"
```

```
  "rclcpp_action"
  "base_interfaces_demo"
)

add_executable(demo02_action_client src/demo02_action_client.cpp)
ament_target_dependencies(
  demo02_action_client
  "rclcpp"
  "rclcpp_action"
  "base_interfaces_demo"
)

install(TARGETS
  demo01_action_server
  demo02_action_client
  DESTINATION lib/${PROJECT_NAME})
```

4. 编译

在终端中进入当前工作空间，编译功能包：

```
colcon build --packages-select cpp03_action
```

5. 执行

当前工作空间下，启动两个终端，终端 1 执行动作服务端程序，终端 2 执行动作客户端程序。

终端 1 输入如下指令：

```
. install/setup.bash
ros2 run cpp03_action demo01_action_server
```

终端 2 输入如下指令：

```
. install/setup.bash
ros2 run cpp03_action demo02_action_client
```

最终运行结果与图 2-9 效果类似。

2.4.4 动作通信（Python）

1. 动作通信（Python）动作服务端实现

在功能包 py03_action 的 py03_action 目录下，新建 Python 文件 demo01_action_server_py.py，并编辑文件，输入如下内容：

```
"""
    需求：编写动作服务端实现，可以提取客户端请求提交的整型数据，并累加从 1 到该数据之间的所有整数以求和。每累加一次都计算当前运算进度并连续反馈回客户端，最后，将求和结果返回给客户端。
    步骤：
        1.导包
```

动作通信_
Python 实现_
02 服务端_
01 服务对
象创建

```
    2.初始化 ROS2 客户端
    3.定义节点类
        3-1.创建动作服务端
        3-2.生成连续反馈
        3-3.生成最终响应
    4.调用 spin 函数,并传入节点对象
    5.释放资源
"""

#1.导包
import time
import rclpy
from rclpy.action import ActionServer
from rclpy.node import Node

from base_interfaces_demo.action import Progress

#3.定义节点类
class ProgressActionServer(Node):

    def __init__(self):
        super().__init__('progress_action_server')
        #3-1.创建动作服务端
        self._action_server = ActionServer(
            self,
            Progress,
            'get_sum',
            self.execute_callback)
        self.get_logger().info('动作服务已经启动!')

    def execute_callback(self, goal_handle):
        self.get_logger().info('开始执行任务....')


        #3-2.生成连续反馈
        feedback_msg = Progress.Feedback()

        sum = 0
        for i in range(1, goal_handle.request.num + 1):
            sum += i
            feedback_msg.progress = i / goal_handle.request.num
            self.get_logger().info('连续反馈: %.2f' % feedback_msg.progress)
            goal_handle.publish_feedback(feedback_msg)
            time.sleep(1)

        #3-3.生成最终响应
        goal_handle.succeed()
        result = Progress.Result()
        result.sum = sum
        self.get_logger().info('任务完成!')
```

```python
        return result

def main(args=None):

    #2.初始化 ROS2 客户端
    rclpy.init(args=args)

    #4.调用 spin 函数,并传入节点对象
    Progress_action_server = ProgressActionServer()
    rclpy.spin(Progress_action_server)

    #5.释放资源
    rclpy.shutdown()

if __name__ == '__main__':
    main()
```

动作通信_Python 实现_02 服务端_02 主逻辑

动作通信_Python 实现_02 服务端_03 补充

2. 动作通信(Python)动作客户端实现

功能包 py03_action 的 py03_action 目录下,新建 Python 文件 demo02_action_client_py.py,并编辑文件,输入如下内容:

动作通信_Python 实现_03 客户端_01 流程说明

```python
"""
    需求:编写动作客户端实现,可以提交一个整型数据到服务端,并处理服务端的连续反馈以及
最终返回结果。
    步骤:
        1.导包
        2.初始化 ROS2 客户端
        3.定义节点类
            3-1.创建动作客户端
            3-2.发送请求
            3-3.处理目标发送后的反馈
            3-4.处理连续反馈
            3-5.处理最终响应
        4.调用 spin 函数,并传入节点对象
        5.释放资源
"""
#1.导包
import rclpy
from rclpy.action import ActionClient
from rclpy.node import Node
from base_interfaces_demo.action import Progress

#3.定义节点类
class ProgressActionClient(Node):

    def __init__(self):
```

动作通信_Python实现_03客户端_02数据发送以及连续反馈

动作通信_Python实现_03客户端_03目标值处理

动作通信_Python实现_03客户端_04最终响应结果

动作通信_Python实现_03客户端_05补充

```python
        super().__init__('progress_action_client')
        #3-1.创建动作客户端
        self._action_client = ActionClient(self, Progress, 'get_sum')

    def send_goal(self, num):
        #3-2.发送请求
        goal_msg = Progress.Goal()
        goal_msg.num = num
        self._action_client.wait_for_server()
        self._send_goal_future = self._action_client.send_goal_async(goal_msg, feedback_callback=self.feedback_callback)
        self._send_goal_future.add_done_callback(self.goal_response_callback)

    def goal_response_callback(self, future):
        #3-3.处理目标发送后的反馈
        goal_handle = future.result()
        if not goal_handle.accepted:
            self.get_logger().info('请求被拒绝')
            return

        self.get_logger().info('请求被接收,开始执行任务!')

        self._get_result_future = goal_handle.get_result_async()
        self._get_result_future.add_done_callback(self.get_result_callback)

    #3-5.处理最终响应
    def get_result_callback(self, future):
        result = future.result().result
        self.get_logger().info('最终计算结果:sum = %d' % result.sum)
        #5.释放资源
        rclpy.shutdown()

    #3-4.处理连续反馈
    def feedback_callback(self, feedback_msg):
        feedback = (int)(feedback_msg.feedback.progress * 100)
        self.get_logger().info('当前进度: %d%%' % feedback)

def main(args=None):

    #2.初始化ROS2客户端
    rclpy.init(args=args)
    #4.调用spin函数,并传入节点对象

    action_client = ProgressActionClient()
    action_client.send_goal(10)
    rclpy.spin(action_client)

    #rclpy.shutdown()
```

```
if __name__ == '__main__':
    main()
```

3. 编辑配置文件

(1) 编辑 package.xml

在创建功能包时,所依赖的功能包已经自动配置了,配置内容如下:

```
<depend>rclpy</depend>
<depend>base_interfaces_demo</depend>
```

(2) 编辑 setup.py

在 entry_points 字段的 console_scripts 中添加如下内容:

```
entry_points={
    'console_scripts': [
        'demo01_action_server_py = py03_action.demo01_action_server_py:main',
        'demo02_action_client_py = py03_action.demo02_action_client_py:main'
    ],
},
```

4. 编译

在终端中进入当前工作空间,编译功能包:

```
colcon build --packages-select py03_action
```

5. 执行

当前工作空间下,启动两个终端,终端1执行动作服务端程序,终端2执行动作客户端程序。

终端1输入如下指令:

```
. install/setup.bash
ros2 run py03_action demo01_action_server_py
```

动作通信_小结

终端2输入如下指令:

```
. install/setup.bash
ros2 run py03_action demo02_action_client_py
```

最终运行结果与案例类似。

 2.5 参数服务

1. 参数服务的场景

在机器人系统中不同的功能模块可能会使用一些相同的数据,例如,导航实现时,会进行路径规划,路径规划主要包含全局路径规划和本地路径规划,所谓全局路径规划就是设计

参数服务_场景、概念与作用

一个从出发点到目标点的大致路径,而本地路径规划则是根据车辆当前路况生成实时的行进路径。两种路径规划的实现都会使用到车辆的尺寸数据——长度、宽度、高度等。那么这些通用数据在程序中应该如何存储、调用呢?

上述场景中,就可以使用参数服务实现,在一个节点下保存车辆尺寸数据,其他节点可以访问该节点并操作这些数据。

2. 参数服务的概念

参数服务是以共享的方式实现不同节点之间数据交互的一种通信模式。保存参数的节点称为参数服务端,调用参数的节点称为参数客户端。参数客户端与参数服务端的交互是基于请求响应的,且参数通信的实现本质上对服务通信的进一步封装。

3. 参数服务的作用

参数服务保存的数据类似于编程中"全局变量"的概念,可以在不同的节点之间共享数据。

参数服务案例以及案例分析

2.5.1 参数服务案例需求及分析

1. 案例需求

在参数服务端设置一些参数,参数客户端访问服务端并操作这些参数(如图 2-10 所示)。

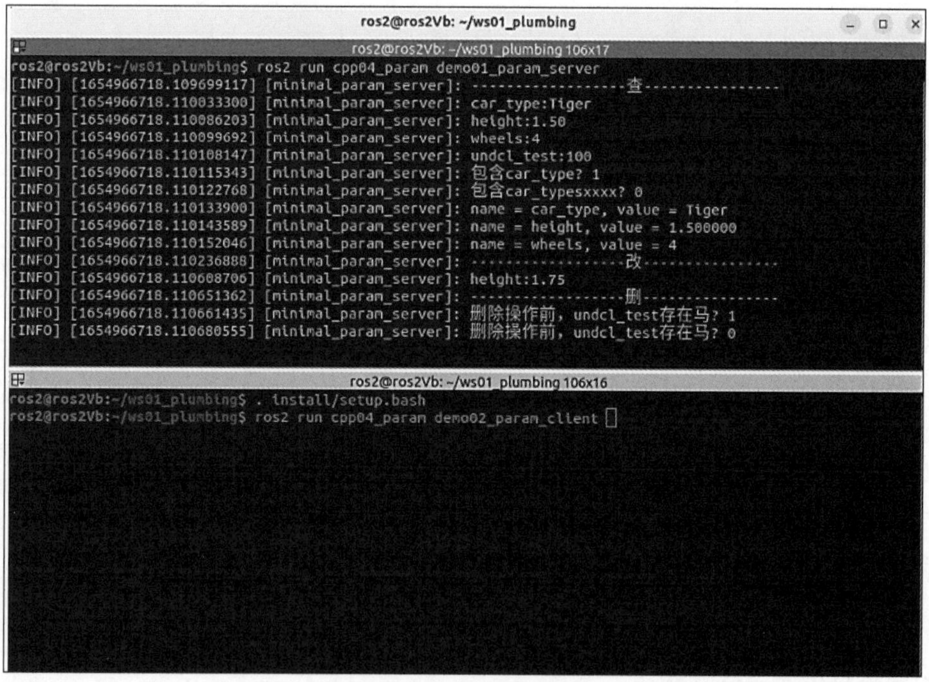

图 2-10 访问并操作参数

2. 案例分析

在上述案例中,需要关注的要素有以下三个:

(1)参数客户端;

(2)参数服务端;

(3)参数。

3. 流程简介

案例实现前我们需要先了解 ROS2 中参数的相关 API，无论是客户端还是服务端都会使用到参数，而参数服务案例实现的主要步骤如下：

(1) 编写参数服务端实现；

(2) 编写参数客户端实现；

(3) 编辑配置文件；

(4) 编译；

(5) 执行。

案例我们会采用 C++ 和 Python 分别实现，二者都遵循上述实现流程。

4. 准备工作

终端下进入工作空间的 src 目录，调用如下两条命令分别创建 C++ 功能包和 Python 功能包。

```
ros2 pkg create cpp04_param --build-type ament_cmake --dependencies rclcpp
ros2 pkg create py04_param --build-type ament_python --dependencies rclpy
```

2.5.2 参数数据类型

在 ROS2 中，参数由键、值和描述符三部分组成，其中键是字符串类型，值可以是 bool、int64、float64、string、byte[]、bool[]、int64[]、float64[]、string[]中的任一类型，描述符默认情况下为空，但是可以设置参数描述、参数数据类型、取值范围或其他约束等信息。

为了方便操作，参数被封装为了相关类，其中 C++ 客户端对应的类是 rclcpp::Parameter，Python 客户端对应的类是 rclpy.Parameter。借助相关 API，我们可以实现参数对象创建以及参数属性解析等操作。以下代码提供了参数相关 API 基本使用的示例。

1. 参数相关 API 基本使用之 C++ 示例

```
...
//创建参数对象
rclcpp::Parameter p1("car_name","Tiger");              //参数值为字符串类型
rclcpp::Parameter p2("width",0.15);                    //参数值为浮点类型
rclcpp::Parameter p3("wheels",2);                      //参数值为整型

//获取参数值并转换成相应的数据类型
RCLCPP_INFO(rclcpp::get_logger("rclcpp"),"car_name = %s", p1.as_string().c_str());
RCLCPP_INFO(rclcpp::get_logger("rclcpp"),"width = %.2f", p2.as_double());
RCLCPP_INFO(rclcpp::get_logger("rclcpp"),"wheels = %ld", p3.as_int());

//获取参数的键
RCLCPP_INFO(rclcpp::get_logger("rclcpp"),"p1 name = %s", p1.get_name().c_str());
//获取参数的数据类型
RCLCPP_INFO(rclcpp::get_logger("rclcpp"),"p1 type_name = %s", p1.get_type_name().c_str());
//将参数值转换成字符串类型
```

```
RCLCPP_INFO(rclcpp::get_logger("rclcpp"),"p1 value_to_msg = %s", p1.value_to_
string().c_str());
...
```

2. 参数相关 API 基本使用之 Python 示例

参数服务_
参数简介_02
PythonAPI

```
#创建参数对象
p1 = rclpy.Parameter("car_name",value="Horse")
p2 = rclpy.Parameter("length",value=0.5)
p3 = rclpy.Parameter("wheels",value=4)

#获取参数值
get_logger("rclpy").info("car_name = %s" % p1.value)
get_logger("rclpy").info("length = %.2f" % p2.value)
get_logger("rclpy").info("wheels = %d" % p3.value)

#获取参数键
get_logger("rclpy").info("p1 name = %s" % p1.name)
```

关于参数具体的 API 使用，在后续案例中会有介绍。

2.5.3 参数服务（C++）

参数服务_
C++实现_01
框架搭建

1. 参数服务（C++）之参数服务端

在功能包 cpp04_param 的 src 目录下，新建 C++ 文件 demo01_param_server.cpp，并编辑文件，输入如下内容：

```
/*
    需求:编写参数服务端,设置并操作参数。
    步骤:
        1.包含头文件
        2.初始化 ROS2 客户端
        3.定义节点类
            3-1.声明参数
            3-2.查询参数
            3-3.修改参数
            3-4.删除参数
        4.创建节点对象指针,调用参数操作函数,并传递给 spin 函数
        5.释放资源
*/
```

参数服务_
C++实现_02
服务端_01
代码框架

```
//1.包含头文件
#include "rclcpp/rclcpp.hpp"

//3.定义节点类
class MinimalParamServer: public rclcpp::Node{
    public:
        MinimalParamServer():Node("minimal_param_server",rclcpp::NodeOptions()
```

参数服务_
C++实现_02
服务端_02 增

```cpp
            .allow_undeclared_parameters(true)
        ){
    }
    //3-1.声明参数
    void declare_param(){
        //声明参数并设置默认值
        this->declare_parameter("car_type","Tiger");
        this->declare_parameter("height",1.50);
        this->declare_parameter("wheels",4);
        //需要设置 rclcpp::NodeOptions().allow_undeclared_parameters(true),
        //否则非法
        this->set_parameter(rclcpp::Parameter("undcl_test",100));
    }
    //3-2.查询参数
    void get_param(){
        RCLCPP_INFO(this->get_logger(),"---------查--------");
        //获取指定
        rclcpp::Parameter car_type = this->get_parameter("car_type");
        RCLCPP_INFO(this->get_logger(),"car_type:%s",car_type.as_string().c_str());
        RCLCPP_INFO(this->get_logger(),"height:%.2f",this->get_parameter("height").as_double());
        RCLCPP_INFO(this->get_logger(),"wheels:%ld",this->get_parameter("wheels").as_int());
        RCLCPP_INFO(this->get_logger(),"undcl_test:%ld",this->get_parameter("undcl_test").as_int());
        //判断包含
        RCLCPP_INFO(this->get_logger(),"包含 car_type?%d",this->has_parameter("car_type"));
        RCLCPP_INFO(this->get_logger(),"包含 car_typesxxxx?%d",this->has_parameter("car_typexxxx"));
        //获取所有
        auto params = this->get_parameters({"car_type","height","wheels"});
        for (auto &param : params)
        {
            RCLCPP_INFO(this->get_logger(),"name = %s, value = %s", param.get_name().c_str(), param.value_to_string().c_str());

        }
    }
    //3-3.修改参数
    void update_param(){
        RCLCPP_INFO(this->get_logger(),"---------改--------");
        this->set_parameter(rclcpp::Parameter("height",1.75));
        RCLCPP_INFO(this->get_logger(),"height:%.2f",this->get_parameter("height").as_double());
    }
    //3-4.删除参数
    void del_param(){
```

参数服务_C++实现_02服务端_03查

参数服务_C++实现_02服务端_04改

```cpp
            RCLCPP_INFO(this->get_logger(),"----------删--------");
            //this->undeclare_parameter("car_type");
            //RCLCPP_INFO(this->get_logger(),"删除操作后,car_type 还存在吗?%d",
this->has_parameter("car_type"));
            RCLCPP_INFO(this->get_logger(),"删除操作前,undcl_test 存在吗?%d",
this->has_parameter("undcl_test"));
            this->undeclare_parameter("undcl_test");
            RCLCPP_INFO(this->get_logger(),"删除操作前,undcl_test 存在吗?%d",
this->has_parameter("undcl_test"));
        }
};

int main(int argc, char ** argv)
{
    //2.初始化 ROS2 客户端
    rclcpp::init(argc,argv);

    //4.创建节点对象指针,调用参数操作函数,并传递给 spin 函数
    auto paramServer= std::make_shared<MinimalParamServer>();
    paramServer->declare_param();
    paramServer->get_param();
    paramServer->update_param();
    paramServer->del_param();
    rclcpp::spin(paramServer);

    //5.释放资源
    rclcpp::shutdown();
    return 0;
}
```

2. 参数服务（C++）之参数客户端

在功能包 cpp04_param 的 src 目录下，新建 C++ 文件 demo02_param_client.cpp，并编辑文件，输入如下内容：

```cpp
/*
    需求:编写参数客户端,获取或修改服务端参数。
    步骤:
        1.包含头文件
        2.初始化 ROS2 客户端
        3.定义节点类
            3-1.查询参数
            3-2.修改参数
        4.创建节点对象指针,调用参数操作函数
        5.释放资源
*/

//1.包含头文件
#include "rclcpp/rclcpp.hpp"
```

```cpp
using namespace std::chrono_literals;

//3.定义节点类
class MinimalParamClient: public rclcpp::Node {
    public:
        MinimalParamClient():Node("paramDemoClient_node"){
            paramClient = std::make_shared<rclcpp::SyncParametersClient>(this,"minimal_param_server");
        }
        bool connect_server(){
            //等待服务连接
            while (!paramClient->wait_for_service(1s))
            {
                if (!rclcpp::ok())
                {
                  return false;
                }
                RCLCPP_INFO(this->get_logger(),"服务未连接");
            }

            return true;

        }

        //3-1.查询参数
        void get_param(){
            RCLCPP_INFO(this->get_logger(),"-----参数客户端查询参数-----");
            double height = paramClient->get_parameter<double>("height");
            RCLCPP_INFO(this->get_logger(),"height = %.2f", height);
            RCLCPP_INFO(this->get_logger(),"car_type 存在吗?%d", paramClient->has_parameter("car_type"));
            auto params = paramClient->get_parameters({"car_type","height","wheels"});
            for (auto &param : params)
            {
                RCLCPP_INFO(this->get_logger(),"%s = %s", param.get_name().c_str(),param.value_to_string().c_str());
            }


        }
        //3-2.修改参数
        void update_param(){
            RCLCPP_INFO(this->get_logger(),"-----参数客户端修改参数-----");
            paramClient->set_parameters({rclcpp::Parameter("car_type","Mouse"),
            rclcpp::Parameter("height",2.0),
            //这是服务端不存在的参数,只有服务端设置了 rclcpp::NodeOptions().allow_
            //undeclared_parameters(true)时,
            //这个参数才会被成功设置
```

参数服务_C++实现_03客户端_02查

参数服务_C++实现_03客户端_03改

```cpp
            rclcpp::Parameter("width",0.15),
            rclcpp::Parameter("wheels",6)});
    }

    private:
        rclcpp::SyncParametersClient::SharedPtr paramClient;
};

int main(int argc, char const * argv[])
{
    //2.初始化 ROS2 客户端
    rclcpp::init(argc,argv);

    //4.创建节点对象指针,调用参数操作函数
    auto paramClient = std::make_shared<MinimalParamClient>();
    bool flag = paramClient->connect_server();
    if(!flag){
        return 0;
    }
    paramClient->get_param();
    paramClient->update_param();
    paramClient->get_param();

    //5.释放资源
    rclcpp::shutdown();
    return 0;
}
```

3. 编辑配置文件

(1) 编辑 packages.xml

在创建功能包时,所依赖的功能包已经自动配置了,配置内容如下:

```xml
<depend>rclcpp</depend>
```

(2) 编辑 CMakeLists.txt

CMakeLists.txt 中参数服务端和参数客户端程序核心配置如下:

```
find_package(rclcpp REQUIRED)

add_executable(demo01_param_server src/demo01_param_server.cpp)
ament_target_dependencies(
  demo01_param_server
  "rclcpp"
)
add_executable(demo02_param_client src/demo02_param_client.cpp)
ament_target_dependencies(
  demo02_param_client
  "rclcpp"
)
```

```
install(TARGETS
  demo01_param_server
  demo02_param_client
  DESTINATION lib/${PROJECT_NAME})
```

4. 编译

在终端中进入当前工作空间,编译功能包:

```
colcon build --packages-select cpp04_param
```

5. 执行

当前工作空间下,启动两个终端,终端 1 执行参数服务端程序,终端 2 执行参数客户端程序。

终端 1 输入如下指令:

```
. install/setup.bash
ros2 run cpp04_param demo01_param_server
```

终端 2 输入如下指令:

```
. install/setup.bash
ros2 run cpp04_param demo02_param_client
```

最终运行结果与案例类似。

2.5.4 参数服务(Python)

1. 参数服务(Python)之参数服务端

在功能包 py04_param 的 py04_param 目录下,新建 Python 文件 demo01_param_server_py.py,并编辑文件,输入如下内容:

参数服务_Python 实现_01 框架搭建

参数服务_Python 实现_02 服务端_01 代码框架

```
"""
    需求:编写参数服务端,设置并操作参数。
    步骤:
        1.导包
        2.初始化 ROS2 客户端
        3.定义节点类
            3-1.声明参数
            3-2.查询参数
            3-3.修改参数
            3-4.删除参数
        4.创建节点对象,调用参数操作函数,并传递给 spin 函数
        5.释放资源

"""
#1.导包
import rclpy
```

参数服务_Python 实现_02 服务端_02 增

```python
from rclpy.node import Node

#3.定义节点类
class MinimalParamServer(Node):
    def __init__(self):
        super().__init__("minimal_param_server",allow_undeclared_parameters=True)
        self.get_logger().info("参数演示")

    #3-1.声明参数
    def declare_param(self):
        self.declare_parameter("car_type","Tiger")
        self.declare_parameter("height",1.50)
        self.declare_parameter("wheels",4)
        self.p1 = rclpy.Parameter("car_type",value = "Mouse")
        self.p2 = rclpy.Parameter("undcl_test",value = 100)
        self.set_parameters([self.p1,self.p2])
```

参数服务_Python 实现_02 服务端_03 查

```python
    #3-2.查询参数
    def get_param(self):
        self.get_logger().info("---------------查--------------")
        #判断包含
        self.get_logger().info("包含 car_type 吗?%d" % self.has_parameter("car_type"))
        self.get_logger().info("包含 width 吗?%d" % self.has_parameter("width"))
        #获取指定
        car_type = self.get_parameter("car_type")
        self.get_logger().info("%s = %s " % (car_type.name, car_type.value))
        #获取所有
        params = self.get_parameters(["car_type","height","wheels"])
        self.get_logger().info("解析所有参数:")
        for param in params:
            self.get_logger().info("%s ---> %s" % (param.name, param.value))
```

参数服务_Python 实现_02 服务端_04 改

```python
    #3-3.修改参数
    def update_param(self):
        self.get_logger().info("---------------改--------------")
        self.set_parameters([rclpy.Parameter("car_type",value = "horse")])
        param = self.get_parameter("car_type")
        self.get_logger().info("修改后: car_type = %s" %param.value)
```

参数服务_Python 实现_02 服务端_05 删

```python
    #3-4.删除参数
    def del_param(self):
        self.get_logger().info("---------------删--------------")
        self.get_logger().info("删除操作前包含 car_type 吗?%d" % self.has_parameter("car_type"))
        self.undeclare_parameter("car_type")
        self.get_logger().info("删除操作后包含 car_type 吗?%d" % self.has_parameter("car_type"))
```

```python
def main():
    #2.初始化 ROS2 客户端
    rclpy.init()

    #4.创建节点对象,调用参数操作函数,并传递给 spin 函数
    param_server = MinimalParamServer()
    param_server.declare_param()
    param_server.get_param()
    param_server.update_param()
    param_server.del_param()

    rclpy.spin(param_server)

    #5.释放资源
    rclpy.shutdown()

if __name__ == "__main__":
    main()
```

2. 参数服务(Python)之参数客户端

ROS2 的 Python 客户端暂时没有提供参数客户端专用的 API,但是参数服务的底层是基于服务通信的,所以可以通过服务通信操作参数服务端的参数。

3. 编辑配置文件

(1) 编辑 package.xml

在创建功能包时,所依赖的功能包已经自动配置了,配置内容如下:

```xml
<depend>rclpy</depend>
```

(2) 编辑 setup.py

在 entry_points 字段的 console_scripts 中添加如下内容:

```python
entry_points={
    'console_scripts': [
        'demo01_param_server_py = py04_param.demo01_param_server_py:main'
    ],
},
```

4. 编译

在终端中进入当前工作空间,编译功能包:

```
colcon build --packages-select py04_param
```

5. 执行

当前工作空间下,启动两个终端,终端 1 执行参数服务端程序,终端 2 执行参数客户端程序(使用 2.5.3 节中的 C++ 实现)。

终端 1 输入如下指令：

```
. install/setup.bash
ros2 run py04_param demo01_param_server_py
```

终端 2 输入如下指令：

```
. install/setup.bash
ros2 run cpp04_param demo02_param_client
```

最终运行结果与案例类似。
参数服务相关资料如下。
以服务通信方式操作参数服务端示例代码：

```python
#1.导包
import rclpy
from rclpy.node import Node
from rcl_interfaces.srv import ListParameters
from rcl_interfaces.srv import GetParameters
from rcl_interfaces.srv import SetParameters
from rcl_interfaces.msg import ParameterType
from rcl_interfaces.msg import Parameter
from rcl_interfaces.msg import ParameterValue
from ros2param.api import get_parameter_value

class MinimalParamClient(Node):

    def __init__(self):
        super().__init__('minimal_param_client_py')

    def list_params(self):
        #3-1.创建客户端
        cli_list = self.create_client(ListParameters, '/minimal_param_server/list_parameters')
        #3-2.等待服务连接
        while not cli_list.wait_for_service(timeout_sec=1.0):
            self.get_logger().info('列出参数服务连接中,请稍候...')
        req = ListParameters.Request()
        future = cli_list.call_async(req)
        rclpy.spin_until_future_complete(self,future)
        return future.result()

    def get_params(self,names):
        #3-1.创建客户端
        cli_get = self.create_client(GetParameters, '/minimal_param_server/get_parameters')
        #3-2.等待服务连接
        while not cli_get.wait_for_service(timeout_sec=1.0):
            self.get_logger().info('列出参数服务连接中,请稍候...')
```

```python
        req = GetParameters.Request()
        req.names = names
        future = cli_get.call_async(req)
        rclpy.spin_until_future_complete(self,future)
        return future.result()

    def set_params(self):
        #3-1.创建客户端
        cli_set = self.create_client(SetParameters, '/minimal_param_server/set_parameters')
        #3-2.等待服务连接
        while not cli_set.wait_for_service(timeout_sec=1.0):
            self.get_logger().info('列出参数服务连接中,请稍候...')

        req = SetParameters.Request()

        p1 = Parameter()
        p1.name = "car_type"

        #v1 = ParameterValue()
        #v1.type = ParameterType.PARAMETER_STRING
        #v1.string_value = "Pig"
        #p1.value = v1
        p1.value = get_parameter_value(string_value="Pig")

        p2 = Parameter()
        p2.name = "height"

        v2 = ParameterValue()
        v2.type = ParameterType.PARAMETER_DOUBLE
        v2.double_value = 0.3
        p2.value = v2
        #p2.value = get_parameter_value(string_value="0.3")

        req.parameters = [p1, p2]
        future = cli_set.call_async(req)
        rclpy.spin_until_future_complete(self,future)
        return future.result()

def main():
    #2.初始化 ROS2 客户端
    rclpy.init()
    #4.创建对象并调用其功能
    client = MinimalParamClient()

    #获取参数列表
    client.get_logger().info("---------获取参数列表---------")
    response = client.list_params()
    for name in response.result.names:
        client.get_logger().info(name)
```

```python
        client.get_logger().info("---------获取参数---------")
        names = ["height","car_type"]
        response = client.get_params(names)
        #print(response.values)
        for v in response.values:
            if v.type == ParameterType.PARAMETER_STRING:
                client.get_logger().info("字符串值:%s" % v.string_value)
            elif v.type == ParameterType.PARAMETER_DOUBLE:
                client.get_logger().info("浮点值:%.2f" % v.double_value)

        client.get_logger().info("---------设置参数---------")
        response = client.set_params()
        results = response.results
        client.get_logger().info("设置了%d个参数" % len(results))
        for result in results:
            if not result.successful:
                client.get_logger().info("参数设置失败")
        rclpy.shutdown()

if __name__ == "__main__":
    main()
```

◆ 2.6 本章小结

本章主要介绍了以下 ROS2 中常用的 4 种通信机制：
- 话题通信；
- 服务通信；
- 动作通信；
- 参数服务。

无论何种通信机制，它们的实现框架都是类似的。例如，通信必然涉及双方，双方需要通过"话题"关联，通信还都必然涉及数据，一般可以通过接口文件来定义数据格式（参数服务通过参数类封装数据）。

不同的通信机制其实现模型也存在明显差异。话题通信是基于广播的单向数据交互模式；服务通信是基于请求响应的问答式交互数据模式；动作通信则是在请求响应的过程中又包含连续反馈的数据交互模式；参数服务是基于服务通信的，可以在不同节点间实现数据共享。实现模型的差异也决定着它们有着不同的应用场景，大家可以根据自己的实际需求灵活选择。

第 3 章 ROS2 通信机制补充

本章导论

第 2 章介绍了 ROS2 通信机制的核心内容，核心内容更偏向粗粒度框架的介绍。本章主要介绍关于通信机制的补充内容，例如分布式框架的搭建、重名问题的处理、常用 API、通信机制工具等，这些补充内容的知识点比较零散，但是每个知识点都不复杂。另外，本章最后还会通过若干练习来强化对 ROS2 通信机制的认识。

ROS2 通信机制补充_引言

3.1 分布式通信

1. 分布式通信的适用场景

在许多机器人相关的应用场景中都涉及多台 ROS2 设备协作，例如无人车编队、无人机编队、远程控制等，那么不同的 ROS2 设备之间是如何实现通信的呢？

2. 分布式通信的概念

分布式通信是指可以通过网络在不同主机之间实现数据交互的一种通信策略。

分布式_场景、概念与作用

ROS2 本身是一个分布式通信框架，可以很方便地实现不同设备之间的通信，ROS2 所基于的中间件是 DDS，当处于同一网络中时，通过 DDS 的域 ID 机制（ROS_DOMAIN_ID）可以实现分布式通信，大致流程是：在启动节点之前，可以设置域 ID 的值，不同节点如果域 ID 相同，那么可以自由发现并通信，反之，如果域 ID 值不同，则不能实现。默认情况下，所有节点启动时所使用的域 ID 都为 0，换言之，只要保证在同一网络，用户不需要做任何配置，不同 ROS2 设备上的不同节点即可实现分布式通信。

3. 分布式通信的作用

分布式通信的应用场景是较为广泛的，如 1.5.2 节 ROS2 核心模块所述：机器人编队时，机器人可能需要获取周边机器人的速度、位置、运行轨迹的相关信息，远程控制时，则可能需要控制端获取机器人采集的环境信息并下发控制指令……这些数据的交互都依赖于分布式通信。

4. 分布式通信的实现

多机通信时，可以通过域 ID 对节点进行分组，组内的节点之间可以自由通信，不同组之间的节点则不可通信。如果所有节点都属于同一组，那么直接使用

分布式_实现

默认域 ID 即可,如果要将不同节点划分为多个组,可以在终端中启动节点前设置该节点的域 ID(比如设置为 6)(如图 3-1 所示),具体执行命令为:

```
export ROS_DOMAIN_ID=6
```

上述指令执行后,该节点将被划分到 ID 为 6 的域内。如果要为当前设备下的所有节点设置统一的域 ID,可以执行如下指令:

```
echo "export ROS_DOMAIN_ID=6" >> ~/.bashrc
```

执行完毕后再重新启动终端,运行的所有节点将自动被划分到 ID 为 6 的域内。

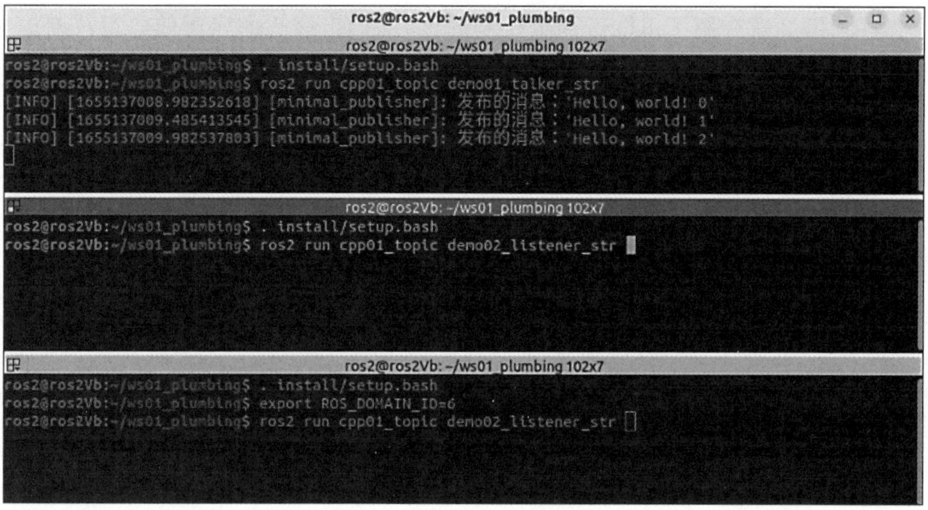

图 3-1 设置节点的域 ID

分布式_域 ID 计算规则

5. 域 ID 设置时的约束

在设置 ROS_DOMAIN_ID 的值时并不是随意的,也是有一定约束的:

(1) 建议 ROS_DOMAIN_ID 的取值范围为[0,101];

(2) 每个域 ID 内的节点总数是有限制的,需要小于或等于 120 个;

(3) 如果域 ID 为 101,那么该域的节点总数需要小于或等于 54 个。

6. DDS 域 ID 值的计算规则

域 ID 值的相关计算规则如下:

(1) DDS 是基于 TCP/IP 或 UDP/IP 网络通信协议的,网络通信时需要指定端口号,端口号由 2 个字节的无符号整数表示,其取值范围为[0,65535]。

(2) 端口号的分配也是有其规则的,并非可以任意使用,根据 DDS 协议规定以 7400 作为起始端口,也即可用端口为[7400,65535],又已知按照 DDS 协议,默认情况下,每个域 ID 占用 250 个端口,那么域 ID 的个数为(65535−7400)/250=232 个,对应的取值范围为[0,231]。

(3) 操作系统还会设置一些预留端口,在 DDS 中使用端口时,还需要避开这些预留端口,以免使用中产生冲突,不同的操作系统预留端口又有所差异,其最终结果是,在 Linux 下,可用的域 ID 为[0,101]与[215,231],在 Windows 和 macOS 中可用的域 ID 为[0,166],综上,为了兼容多平台,建议域 ID 在[0,101] 范围内取值。

(4) 每个域 ID 默认占用 250 个端口,且每个 ROS2 节点需要占用两个端口,另外,按照 DDS 协议每个域 ID 的端口段内,第 1、2 个端口是 Discovery Multicast 端口与 User Multicast 端口,从第 11、12 个端口开始是域内第一个节点的 Discovery Unicast 端口与 User Unicast 端口,后续节点所占用端口依次顺延,那么一个域 ID 中的最大节点个数为 $(250-10)/2=120$ 个。

(5) 特殊情况:域 ID 值为 101 时,其后半段端口属于操作系统的预留端口,其节点最大个数为 54 个。

以下为域 ID 与节点所占用端口示意:

```
Domain ID:    0
Participant ID: 0

Discovery Multicast Port: 7400
User Multicast Port:      7401
Discovery Unicast Port:   7410
User Unicast Port:        7411

---

Domain ID:    1
Participant ID: 2
Discovery Multicast Port: 7650
User Multicast Port:      7651
Discovery Unicast Port:   7664
User Unicast Port:        7665
```

◆ 3.2　工作空间覆盖

1. 工作空间覆盖的问题描述

同一工作空间下不允许出现功能包重名的情况,但是当存在多个工作空间时,不同工作空间下的功能包是可以重名的,那么当功能包重名时,会调用哪一个呢?

例如,自定义工作空间 A 存在功能包 turtlesim,自定义工作空间 B 也存在功能包 turtlesim,当然系统自带工作空间也存在 turtlesim,如果调用 turtlesim 包,会调用哪个工作空间中的呢?

2. 工作空间覆盖的概念

所谓工作空间覆盖,是指不同工作空间存在重名功能包时,重名功能包的调用会产生覆盖的情况。

3. 工作空间覆盖的作用

作用不大,这种情况是需要极力避免出现的。

4. 工作空间覆盖的场景

(1) 分别在不同的工作空间下创建 turtlesim 功能包。

终端下进入 ws00_helloworld 的 src 目录,新建功能包:

```
ros2 pkg create turtlesim --node-name turtlesim_node
```

为了方便查看演示结果，将默认生成的 turtlesim_node.cpp 中的打印内容修改为：ws00_helloworld turtlesim\n。

终端下进入 ws01_plumbing 的 src 目录，新建功能包：

工作空间
覆盖_演示

```
ros2 pkg create turtlesim --node-name turtlesim_node
```

（2）在 ~/.bashrc 文件下追加如下内容：

```
source /home/ros2/ws00_helloworld/install/setup.bash
source /home/ros2/ws01_plumbing/install/setup.bash
```

修改完毕后，保存并关闭文件。
（3）新建终端，输入如下指令：

```
ros2 run turtlesim turtlesim_node
```

输出结果为 ws01_plumbing turtlesim，也即执行的是 ws01_plumbing 功能包下的 turtlesim，而 ws00_helloworld 下的 turtlesim 与内置的 turtlesim 被覆盖了。

5. 工作空间覆盖的原因

这与 ~/.bashrc 中不同工作空间的 setup.bash 文件的加载顺序有关。

工作空间
覆盖_原因
以及隐患

（1）ROS2 会解析 ~/.bashrc 文件，并生成全局环境变量 AMENT_PREFIX_PATH 与 PYTHONPATH，两个环境变量取值分别对应了 ROS2 中 C++ 和 Python 功能包，环境变量的值由功能包名称组成。

（2）两个变量的值的设置与 ~/.bashrc 中的 setup.bash 的配置顺序有关，对于自定义的工作空间而言，后配置的优先级更高，主要表现在后配置的工作空间的功能包在环境变量值组成的前部，而前配置工作空间的功能包在环境变量值组成的后部，如果更改两个自定义工作空间在 ~/.bashrc 中的配置顺序，那么变量值也将相应更改，但是 ROS2 系统工作空间的配置始终处于最后。

（3）调用功能包时，会按照 AMENT_PREFIX_PATH 或 PYTHONPATH 中包配置的顺序从前往后依次查找相关功能包，查找到功能包时会停止搜索，也即配置在前的会优先执行。

6. 工作空间覆盖的隐患

前面提到，工作空间覆盖的情况是需要极力避免出现的，因为它会导致以下一些安全隐患。

（1）可能会出现功能包调用混乱，出现实际调用与预期调用结果不符的情况。

（2）即便可以通过 ~/.bashrc 来配置不同工作空间的优先级，但是经过测试，修改 ~/.bashrc 文件之后不一定马上生效，还需要删除工作空间下 build 与 install 目录重新编译，才能生效，这个过程烦琐且有不确定性。

综上，在实际工作中，需要制定明确的包命名规范，避免包重名的情况。

3.3 元功能包

元功能包_
场景、概念
与作用

1. 元功能包的适用场景

完成一个系统性的功能,可能涉及多个功能包,比如实现了机器人导航模块,该模块下有地图、定位、路径规划等不同的子级功能包。那么调用者安装该模块时,需要逐一地安装每一个功能包吗?

显而易见的,逐一安装功能包的效率低下,在 ROS2 中,提供了一种方式可以将不同的功能包打包成一个功能包,当安装某个功能模块时,直接调用打包后的功能包即可,该包又称为元功能包(MetaPackage)。

2. 元功能包的概念

MetaPackage 是 Linux 的一个文件管理系统的概念。它是 ROS2 中的一个虚包,里面没有实质性的内容,但是它依赖了其他的软件包,通过这种方法可以把其他包组合起来,我们可以认为它是一本书的目录索引,它告诉我们这个包集合中有哪些子包,并且该去哪里下载。

例如,sudo apt install ros-<ros2-distro>-desktop 命令安装 ROS2 时就使用了元功能包,该元功能包依赖于 ROS2 中的其他一些功能包,安装该包时会一并安装依赖。

3. 元功能包的作用

方便用户的安装,我们只需要这一个包就可以把其他相关的软件包组织到一起安装了。

4. 元功能包的实现

(1) 新建一个功能包:

```
ros2 pkg create tutorails_plumbing
```

元功能包_
实现

(2) 修改 package.xml 文件,添加执行时所依赖的包:

```xml
<?xml version="1.0"?>
<?xml-model href="http://download.ros.org/schema/package_format3.xsd"
schematypens="http://www.w3.org/2001/XMLSchema"?>
<package format="3">
  <name>tutorails_plumbing</name>
  <version>0.0.0</version>
  <description>TODO: Package description</description>
  <maintainer email="ros2@todo.todo">ros2</maintainer>
  <license>TODO: License declaration</license>

  <buildtool_depend>ament_cmake</buildtool_depend>

  <exec_depend>base_interfaces_demo</exec_depend>
  <exec_depend>cpp01_topic</exec_depend>
  <exec_depend>cpp02_service</exec_depend>
  <exec_depend>cpp03_action</exec_depend>
  <exec_depend>cpp04_param</exec_depend>
  <exec_depend>py01_topic</exec_depend>
```

```
<exec_depend>py02_service</exec_depend>
<exec_depend>py03_action</exec_depend>
<exec_depend>py04_param</exec_depend>

<export>
  <build_type>ament_cmake</build_type>
</export>
</package>
```

(3) 文件 CMakeLists.txt 的内容如下：

```
cmake_minimum_required(VERSION 3.8)
project(tutorails_plumbing)

if(CMAKE_COMPILER_IS_GNUCXX OR CMAKE_CXX_COMPILER_ID MATCHES "Clang")
  add_compile_options(-Wall -Wextra -Wpedantic)
endif()

find_package(ament_cmake REQUIRED)

ament_package()
```

节点重名_
问题、解决
思路以及
解决方案

3.4 节点重名

1. ROS2 节点重名的问题描述

在 ROS2 中不同的节点可以有相同的节点名称，比如可以启动多个 turtlesim_node 节点，这些节点的名称都是 turtlesim。节点重名虽然是被允许的，但是开发者应该主动避免这种情况，因为节点重名时可能会导致操作上的混淆，仍以启动了多个 turtlesim_node 节点为例，当使用计算图(rqt_graph)查看节点运行状态时，由于它们的节点名称一样，虽然实际有多个节点，但是在计算图上只显示一个。并且节点名称也会和话题名称、服务名称、动作名称、参数等产生关联，届时也可能会导致通信逻辑上的混乱。

那么在 ROS2 中如何避免节点重名呢？

2. ROS2 节点重名的解决思路

为避免重名问题，一般有以下两种策略：

（1）名称重映射，也即为节点起别名。

（2）命名空间，为节点名称添加前缀，可以有多级，格式为/xxx/yyy/zzz。

这也是在 ROS2 中解决重名问题的常用策略。

3. ROS2 节点重名的解决方案

上述两种策略的实现途径主要有如下三种：

（1）ros2 run 命令实现；

（2）launch 文件实现；

（3）编码实现。

本节将逐一演示上述三种方案的实现语法。

3.4.1 ros2 run 设置节点名称

1. ros2 run 设置命名空间

（1）设置命名空间的演示

语法：ros2 run 包名 节点名 --ros-args --remap __ns:=命名空间

示例：

```
ros2 run turtlesim turtlesim_node --ros-args --remap __ns:=/t1
```

（2）ros2 run 设置命名空间运行结果

使用 ros2 node list 查看节点信息，显示结果：

```
/t1/turtlesim
```

节点重名_
ros2run 解
决重名

2. ros2 run 名称重映射

（1）为节点起别名

语法：ros2 run 包名 节点名 --ros-args --remap __name:=新名称 或 ros2 run 包名 节点名 --ros-args --remap __node:=新名称

示例：

```
ros2 run turtlesim turtlesim_node --ros-args --remap __name:=turtle1
```

（2）ros2 run 名称重映射运行结果

使用 ros2 node list 查看节点信息，显示结果：

```
/turtle1
```

3. ros2 run 命名空间与名称重映射叠加

（1）设置命名空间同时名称重映射

语法：ros2 run 包名 节点名 --ros-args --remap __ns:=新名称 --remap __name:=新名称

示例：

```
ros2 run turtlesim turtlesim_node --ros-args --remap __ns:=/t1 --remap __name:=turtle1
```

（2）ros2 run 命名空间与名称重映射叠加运行结果

使用 ros2 node list 查看节点信息，显示结果：

```
/t1/turtle1
```

3.4.2 launch 文件设置节点名称

在 ROS2 中 launch 文件可以由 Python、XML 或 YAML 三种语言编写（关于 launch 文

件的基本使用可以参考 4.1 节启动文件 launch 简介），每种实现方式都可以设置节点的命名空间或为节点起别名。

1. Python 方式实现的 launch 文件设置命名空间与名称重映射

在 Python 方式实现的 launch 文件中，可以通过类 launch_ros.actions.Node 来创建被启动的节点对象，在对象的构造函数中提供了 name 和 namespace 参数来设置节点的名称与命名空间，使用示例如下：

```python
from launch import LaunchDescription
from launch_ros.actions import Node

def generate_launch_description():

    return LaunchDescription([
        Node(package="turtlesim",executable="turtlesim_node",name="turtle1"),
        Node(package="turtlesim",executable="turtlesim_node",namespace="t1"),
        Node(package="turtlesim",executable="turtlesim_node",namespace="t1",name="turtle1")
    ])
```

2. XML 方式实现的 launch 文件设置命名空间与名称重映射

在 XML 方式实现的 launch 文件中，可以通过 node 标签中的 name 和 namespace 属性来设置节点的名称与命名空间，使用示例如下：

```xml
<launch>
    <node pkg="turtlesim" exec="turtlesim_node" name="turtle1" />
    <node pkg="turtlesim" exec="turtlesim_node" namespace="t1" />
    <node pkg="turtlesim" exec="turtlesim_node" namespace="t1" name="turtle1" />
</launch>
```

3. YAML 方式实现的 launch 文件设置命名空间与名称重映射

在 YAML 方式实现的 launch 文件中，可以通过 node 属性中的 name 和 namespace 属性来设置节点的名称与命名空间，使用示例如下：

```yaml
launch:
- node:
    pkg: turtlesim
    exec: turtlesim_node
    name: turtle1
- node:
    pkg: turtlesim
    exec: turtlesim_node
    namespace: t1
- node:
    pkg: turtlesim
    exec: turtlesim_node
    namespace: t1
    name: turtle1
```

4. launch 文件设置节点名称测试

上述三种方式在设置命名空间与名称重映射时虽然语法不同，但是实现功能类似，都是启动了三个 turtlesim_node 节点，第一个节点设置了节点名称，第二个节点设置了命名空间，第三个节点既设置了命名空间又设置了节点名称，分别执行三个 launch 文件，然后使用 ros2 node list 查看节点信息，显示结果都如下所示：

```
/t1/turtl1
/t1/turtlesim
/turtle1
```

3.4.3 编码设置节点名称

在 rclcpp 和 rclpy 中，节点类的构造函数中都分别提供了设置节点名称与命名空间的参数。

1. rclcpp 中的相关 API

rclcpp 中节点类的构造函数如下：

```
Node (const std::string &node_name, const NodeOptions &options=NodeOptions())
Node (const std:: string &node _ name, const std:: string &namespace _, const NodeOptions &options=NodeOptions())
```

构造函数 1 中可以直接通过 node_name 设置节点名称，构造函数 2 既可以通过 node_name 设置节点名称也可以通过 namespace_设置命名空间。

2. rclpy 中的相关 API

rclpy 中节点类的构造函数如下：

```
Node(node_name, *,
    context=None,
    cli_args=None,
    namespace=None,
    use_global_arguments=True,
    enable_rosout=True,
    start_parameter_services=True,
    parameter_overrides=None,
    allow_undeclared_parameters=False,
    automatically_declare_parameters_from_overrides=False)
```

构造函数中可以使用 node_name 设置节点名称，使用 namespace 设置命名空间。

◆ 3.5 话题重名

1. 话题重名的问题描述

节点名称可能出现重名的情况，同理话题名称也可能重名，不过与节点重名不同的是，有些场景下需要避免话题重名的情况，但有些场景下又需要将不同的话题名称修改为相同。

在 ROS2 不同的节点之间通信都依赖于话题,话题名称也可能出现重名的情况,话题重名时,系统虽然不会抛出异常,但是通过相同话题名称关联到一起的节点可能并不属于同一通信逻辑,从而导致通信错乱,甚至出现异常。这种情况下可能就需要将相同的话题名称设置为不同。

又或者,两个节点是属于同一通信逻辑的,但是节点之间话题名称不同,导致通信失败。这种情况下就需要将两个节点的话题名称由不同修改为相同。

那么如何修改话题名称呢?

2. 话题重名的解决思路

与节点重名的解决思路类似,为了避免话题重名问题,一般有以下两种策略:

(1) 名称重映射,也即为话题名称起别名。

(2) 命名空间,是为话题名称添加前缀,可以有多级,格式:/xxx/yyy/zzz。

需要注意的是,通过命名空间设置话题名称时,需要保证话题是非全局话题。

3. 话题重名的解决方案

与节点重名解决方案类似,修改话题名称的方式主要有如下三种:

(1) ros2 run 命令实现;

(2) launch 文件实现;

(3) 编码实现。

本节将逐一演示上述三种方案的实现语法。

话题重名_
ros2run 实现

3.5.1 ros2 run 设置话题名称

1. ros2 run 设置命名空间

该实现与 3.4.1 节 ros2 run 设置节点名称中演示的语法使用一致。

(1) 设置命名空间的演示

语法:ros2 run 包名 节点名 --ros-args --remap __ns:=命名空间

示例:

```
ros2 run turtlesim turtlesim_node --ros-args --remap __ns:=/t1
```

(2) ros2 run 设置命名空间运行结果

使用 ros2 topic list 查看节点信息,显示结果:

```
/t1/turtle1/cmd_vel
/t1/turtle1/color_sensor
/t1/turtle1/pose
```

节点下的话题已经添加了命名空间前缀。

2. ros2 run 话题名称重映射

(1) 为话题起别名

语法:ros2 run 包名 节点名 --ros-args --remap 原话题名称:=新话题名称

示例:

```
ros2 run turtlesim turtlesim_node --ros-args --remap /turtle1/cmd_vel:=/cmd_vel
```

（2）ros2 run 话题名称重映射运行结果

使用 ros2 topic list 查看节点信息,显示结果：

```
/cmd_vel
/turtle1/color_sensor
/turtle1/pose
```

节点下的话题/turtle1/cmd_vel 已经被修改为了/cmd_vel。

当为节点添加命名空间时,节点下的所有非全局话题都会前缀命名空间,而重映射的方式只是修改指定话题。

3.5.2　launch 文件设置话题名称

1. Python 方式实现的 launch 文件修改话题名称

在 Python 方式实现的 launch 文件中,可以通过类 launch_ros.actions.Node 的构造函数中的参数 remappings 修改话题名称,使用示例如下：

话题重名_launch 实现

```python
from launch import LaunchDescription
from launch_ros.actions import Node

def generate_launch_description():

    return LaunchDescription([
        Node(package="turtlesim",executable="turtlesim_node",namespace="t1"),
        Node(package="turtlesim",
            executable="turtlesim_node",
            remappings=[("/turtle1/cmd_vel","/cmd_vel")]
        )

    ])
```

2. XML 方式实现的 launch 文件修改话题名称

在 XML 方式实现的 launch 文件中,可以通过 node 标签的子标签 remap(属性 from 取值为被修改的话题名称,属性 to 的取值为修改后的话题名称)修改话题名称,使用示例如下：

```xml
<launch>
    <node pkg="turtlesim" exec="turtlesim_node" namespace="t1" />
    <node pkg="turtlesim" exec="turtlesim_node">
        <remap from="/turtle1/cmd_vel" to="/cmd_vel" />
    </node>
</launch>
```

3. YAML 方式实现的 launch 文件修改话题名称

在 YAML 方式实现的 launch 文件中,可以通过 node 属性中的 remap(属性 from 取值为被修改的话题名称，属性 to 的取值为修改后的话题名称）修改话题名称，使用示例如下：

```
launch:
- node:
    pkg: turtlesim
    exec: turtlesim_node
    namespace: t1
- node:
    pkg: turtlesim
    exec: turtlesim_node
    remap:
    -
        from: "/turtle1/cmd_vel"
        to: "/cmd_vel"
```

4. launch 文件设置话题名称测试

上述三种方式在修改话题名称时虽然语法不同，但是实现功能类似，都是启动了两个 turtlesim_node 节点，一个节点添加了命名空间，另一个节点将话题从 /turtle1/cmd_vel 映射到了 /cmd_vel。使用 ros2 topic list 查看节点信息，显示结果如下。

添加命名空间的节点对应的话题为：

```
/t1/turtle1/cmd_vel
/t1/turtle1/color_sensor
/t1/turtle1/pose
```

重映射的节点对应的话题为：

```
/cmd_vel
/turtle1/color_sensor
/turtle1/pose
```

话题重名_
01 话题类型

3.5.3 编码设置话题名称

1. 话题名称的分类

话题名称的设置是与节点的命名空间、节点的名称有一定关系的，话题名称大致可以分为以下三种类型：

- 全局话题（话题参考 ROS 系统，与节点命名空间平级）；
- 相对话题（话题参考的是节点的命名空间，与节点名称平级）；
- 私有话题（话题参考节点名称，是节点名称的子级）。

总之，以编码方式设置话题名称是比较灵活的。本节将介绍如何在 rclcpp 和 rclpy 中分别设置不同类型的话题。

2. 编码设置话题名称的准备

先分别创建 C++ 与 Python 相关的功能包以及节点，且假定在创建节点时，使用的命名空间为 xxx，节点名称为 yyy。

3. 编码设置话题名称的示例

(1) 全局话题

格式：定义时以 / 开头的名称，与命名空间、节点名称无关。

rclcpp 示例：

```
publisher_ = this->create_publisher<std_msgs::msg::String>("/topic/chatter", 10);
```

rclpy 示例：

```
self.publisher_ = self.create_publisher(String, '/topic/chatter', 10)
```

话题：话题名称为 /topic/chatter，与命名空间 xxx 以及节点名称 yyy 无关。

(2) 相对话题

格式：非 / 开头的名称，参考命名空间设置话题名称，与节点名称无关。

rclcpp 示例：

```
publisher_ = this->create_publisher<std_msgs::msg::String>("topic/chatter", 10);
```

rclpy 示例：

```
self.publisher_ = self.create_publisher(String, 'topic/chatter', 10)
```

话题：话题名称为 /xxx/topic/chatter，与命名空间 xxx 有关，与节点名称 yyy 无关。

(3) 私有话题

格式：定义时以 ~/ 开头的名称，与命名空间、节点名称都有关系。

rclcpp 示例：

```
publisher_ = this->create_publisher<std_msgs::msg::String>("~/topic/chatter", 10);
```

rclpy 示例：

```
self.publisher_ = self.create_publisher(String, '~/topic/chatter', 10)
```

话题：话题名称为 /xxx/yyy/topic/chatter，使用命名空间 xxx 以及节点名称 yyy 作为话题名称前缀。

综上，话题名称设置规则在 rclcpp 与 rclpy 中基本一致，且上述规则也同样适用于 ros2 run 指令与 launch 文件。

3.6 时间相关 API

在前面案例中我们已经使用了 ROS2 中的诸多 API，本节主要介绍另一类比较常见的 API：时间相关 API。

时间相关
API_Rate

3.6.1 Rate

第 2 章话题通信案例中，要求话题发布方按照一定的频率发布消息，我们实现时是通过定时器来控制发布频率的，其实，除了定时器外，ROS2 中还提供了 Rate 类，通过该类对象也可以控制程序的运行频率。

1. rclcpp 中的 Rate

示例：周期性输出一段文本。

```cpp
#include "rclcpp/rclcpp.hpp"

using namespace std::chrono_literals;

int main(int argc, char ** argv)
{
  rclcpp::init(argc,argv);
  auto node = rclcpp::Node::make_shared("rate_demo");
  //rclcpp::Rate rate(1000ms);          //创建 Rate 对象方式 1
  rclcpp::Rate rate(1.0);               //创建 Rate 对象方式 2
  while (rclcpp::ok())
  {
    RCLCPP_INFO(node->get_logger(),"hello rate");
    //休眠
    rate.sleep();
  }

  rclcpp::shutdown();
  return 0;
}
```

2. rclpy 中的 Rate

rclpy 中的 Rate 对象可以通过节点创建，Rate 对象的 sleep() 函数需要在子线程中执行，否则会阻塞程序。

示例：周期性输出一段文本。

```python
import rclpy
import threading
from rclpy.timer import Rate

rate = None
node = None

def do_some():
    global rate
    global node
    while rclpy.ok():
        node.get_logger().info("hello ---------")
        #休眠
        rate.sleep()
```

```python
def main():
    global rate
    global node
    rclpy.init()
    node = rclpy.create_node("rate_demo")
    #创建 Rate 对象
    rate = node.create_rate(1.0)

    #创建子线程
    thread = threading.Thread(target=do_some)
    thread.start()

    rclpy.shutdown()

if __name__ == "__main__":
    main()
```

3.6.2 Time

时间相关 API_Time

1. rclcpp 中的 Time

示例：创建 Time 对象，并调用其函数。

```cpp
#include "rclcpp/rclcpp.hpp"

int main(int argc, char const * argv[])
{
    rclcpp::init(argc,argv);
    auto node = rclcpp::Node::make_shared("time_demo");

    //创建 Time 对象
    rclcpp::Time t1(10500000000L);
    rclcpp::Time t2(2,1000000000L);
    //通过节点获取当前时刻
    //rclcpp::Time roght_now = node->get_clock()->now();
    rclcpp::Time roght_now = node->now();
    RCLCPP_INFO(node->get_logger(),"s = %.2f, ns = %ld",t1.seconds(),t1.nanoseconds());
    RCLCPP_INFO(node->get_logger(),"s = %.2f, ns = %ld",t2.seconds(),t2.nanoseconds());
    RCLCPP_INFO(node->get_logger(),"s = %.2f, ns = %ld",roght_now.seconds(),roght_now.nanoseconds());

    rclcpp::shutdown();

    return 0;
}
```

2. rclpy 中的 Time

示例：创建 Time 对象，并调用其函数。

```python
import rclpy
from rclpy.time import Time
def main():
    rclpy.init()
    node = rclpy.create_node("time_demo")
    #创建 Time 对象
    right_now = node.get_clock().now()
    t1 = Time(seconds=10,nanoseconds=500000000)

    node.get_logger().info("s = %.2f, ns = %d" % (right_now.seconds_nanoseconds()[0], right_now.seconds_nanoseconds()[1]))
    node.get_logger().info("s = %.2f, ns = %d" % (t1.seconds_nanoseconds()[0], t1.seconds_nanoseconds()[1]))
    node.get_logger().info("ns = %d" % right_now.nanoseconds)
    node.get_logger().info("ns = %d" % t1.nanoseconds)
    rclpy.shutdown()

if __name__ == "__main__":
    main()
```

3.6.3 Duration

时间相关
API_Duration

1. rclcpp 中的 Duration

示例：创建 Duration 对象，并调用其函数。

```cpp
#include "rclcpp/rclcpp.hpp"

using namespace std::chrono_literals;

int main(int argc, char const * argv[])
{
    rclcpp::init(argc,argv);
    auto node = rclcpp::Node::make_shared("duration_node");

    //创建 Duration 对象
    rclcpp::Duration du1(1s);
    rclcpp::Duration du2(2,500000000);

    RCLCPP_INFO(node->get_logger(),"s = %.2f, ns = %ld", du2.seconds(),du2.nanoseconds());

    rclcpp::shutdown();
    return 0;
}
```

2. rclpy 中的 Duration

示例：创建 Duration 对象，并调用其函数。

```python
import rclpy
```

```python
from rclpy.duration import Duration

def main():
    rclpy.init()

    node = rclpy.create_node("duration_demo")
    du1 = Duration(seconds = 2, nanoseconds = 500000000)
    node.get_logger().info("ns = %d" % du1.nanoseconds)

    rclpy.shutdown()

if __name__ == "__main__":

    main()
```

3.6.4 Time 与 Duration 运算

1. rclcpp 中的运算

示例：Time 以及 Duration 的相关运算。

时间相关
API_运算

```cpp
#include "rclcpp/rclcpp.hpp"

int main(int argc, char const * argv[])
{
    rclcpp::init(argc,argv);
    auto node = rclcpp::Node::make_shared("time_opt_demo");

    rclcpp::Time t1(1,500000000);
    rclcpp::Time t2(10,0);

    rclcpp::Duration du1(3,0);
    rclcpp::Duration du2(5,0);

    //比较
    RCLCPP_INFO(node->get_logger(),"t1 >= t2 ?%d",t1 >= t2);
    RCLCPP_INFO(node->get_logger(),"t1 < t2 ?%d",t1 < t2);
    //数学运算
    rclcpp::Time t3 = t2 + du1;
    rclcpp::Time t4 = t1 - du1;
    rclcpp::Duration du3 = t2 - t1;

    RCLCPP_INFO(node->get_logger(), "t3 = %.2f",t3.seconds());
    RCLCPP_INFO(node->get_logger(), "t4 = %.2f",t4.seconds());
    RCLCPP_INFO(node->get_logger(), "du3 = %.2f",du3.seconds());

    RCLCPP_INFO(node->get_logger(),"-------------------------------");
    //比较
    RCLCPP_INFO(node->get_logger(),"du1 >= du2 ?%d", du1 >= du2);
    RCLCPP_INFO(node->get_logger(),"du1 < du2 ?%d", du1 < du2);
```

```cpp
    //数学运算
    rclcpp::Duration du4 = du1 * 3.0;
    rclcpp::Duration du5 = du1 + du2;
    rclcpp::Duration du6 = du1 - du2;

    RCLCPP_INFO(node->get_logger(), "du4 = %.2f",du4.seconds());
    RCLCPP_INFO(node->get_logger(), "du5 = %.2f",du5.seconds());
    RCLCPP_INFO(node->get_logger(), "du6 = %.2f",du6.seconds());

    rclcpp::shutdown();
    return 0;
}
```

2. rclpy 中的运算

示例：Time 以及 Duration 的相关运算。

```python
import rclpy
from rclpy.time import Time
from rclpy.duration import Duration

def main():
    rclpy.init()
    node = rclpy.create_node("time_opt_node")
    t1 = Time(seconds=10)
    t2 = Time(seconds=4)

    du1 = Duration(seconds=3)
    du2 = Duration(seconds=5)

    #比较
    node.get_logger().info("t1 >= t2 ?%d" % (t1 >= t2))
    node.get_logger().info("t1 < t2 ?%d" % (t1 < t2))
    #数学运算
    t3 = t1 + du1
    t4 = t1 - t2
    t5 = t1 - du1

    node.get_logger().info("t3 = %d" % t3.nanoseconds)
    node.get_logger().info("t4 = %d" % t4.nanoseconds)
    node.get_logger().info("t5 = %d" % t5.nanoseconds)

    #比较
    node.get_logger().info("-" * 80)
    node.get_logger().info("du1 >= du2 ?%d" % (du1 >= du2))
    node.get_logger().info("du1 < du2 ?%d" % (du1 < du2))

    rclpy.shutdown()

if __name__ == "__main__":
    main()
```

3.7 通信机制工具

通信机制工具_场景、概念与作用

1. 通信机制工具的适用场景

第 2 章中我们学习了 ROS2 中的多种通信机制,了解了不同通信模型的实现流程、相关 API 以及各自的特点,接下来我们再介绍一些实际开发当中可能会遇到的一些问题。

(1) 一个完整的机器人系统启动之后,其组成是比较复杂的,可能包含十几个、几十个甚至上百个节点,不同的节点可能又包含一个或多个通信对象(话题发布方、话题订阅方、服务端、客户端、动作服务端、动作客户端、参数服务端、参数客户端),通信时还需要使用到各种各样的 msg、srv 或 action 接口消息,那么在开发过程中,如何才能方便地获取这些节点、话题、服务、动作、参数以及接口相关的信息呢?

(2) 编写通信实现,通信至少涉及双方,一方编写完毕后,如何验证程序是否可以正常运行呢?

(3) 话题通信过程中,发布方程序中设置了消息的发布频率,如何判断实际运行中的发布频率是否和设置的频率一致呢?

ROS2 中提供了一些工具,我们可以利用这些工具方便快捷地解决上述问题,本部分内容就主要介绍这些工具的使用。

2. 通信机制工具的概念

在 ROS2 中,通信机制相关的工具有两种类型,分别是命令行工具和图形化工具(rqt),前者是一系列终端命令的集合,后者则是 ROS2 基于 QT 框架,针对机器人开发的一系列可视化工具的集合。

通信机制工具_命令工具_00简介

3. 通信机制工具的作用

可以方便地实现程序调试,提高开发效率,优化用户体验。

3.7.1 命令工具

ROS2 中常用的命令如下。
- ros2 node:节点相关命令行工具。
- ros2 interface:接口(msg、srv、action)消息相关的命令行工具。
- ros2 topic:话题通信相关的命令行工具。
- ros2 service:服务通信相关的命令行工具。
- ros2 action:动作通信相关的命令行工具。
- ros2 param:参数服务相关的命令行工具。

关于命令的使用一般都会提供帮助文档,帮助文档的获取方式如下。
- 可以通过命令-h 或命令--help 的方式查看帮助文档,例如 ros2 node -h 或 ros2 node --help。
- 命令下参数的使用也可以通过命令参数-h 或命令参数--help 的方式查看帮助文档,例如 ros2 node list -h 或 ros2 node list --help。

通信机制工具_命令工具_01ros2node

1. ros2 node

ros2 node 的基本使用语法如下:

```
info    输出节点信息
list    输出运行中的节点的列表
```

2. ros2 interface

ros2 interface 的基本使用语法如下：

通信机制
工具_命令
工具_02
ros2interface

```
list        输出所有可用的接口消息
package     输出指定功能包
packages    输出包含接口消息的功能包
proto       输出接口消息原型
show        输出接口消息定义格式
```

3. ros2 topic

ros2 topic 的基本使用语法如下：

通信机制
工具_命令
工具_03
ros2topic

```
bw      输出话题消息传输占用的带宽
delay   输出带有 header 的话题延迟
echo    输出某个话题下的消息
find    根据类型查找话题
hz      输出消息发布频率
info    输出话题相关信息
list    输出运行中的话题列表
pub     向指定话题发布消息
type    输出话题使用的接口类型
```

4. ros2 service

ros2 service 的基本使用语法如下：

通信机制
工具_命令
工具_04
ros2service

```
call    向某个服务发送请求
find    根据类型查找服务
list    输出运行中的服务列表
type    输出服务使用的接口类型
```

5. ros2 action

ros2 action 的基本使用语法如下：

通信机制
工具_命令
工具_05
ros2action

```
info        输出指定动作的相关信息
list        输出运行中的动作的列表
send_goal   向指定动作发送请求
```

6. ros2 param

ros2 param 的基本使用语法如下：

通信机制
工具_命令
工具_06
ros2param

```
delete      删除参数
describe    输出参数的描述信息
dump        将节点参数写入到磁盘文件
get         获取某个参数
```

```
list      输出可用的参数的列表
load      从磁盘文件加载参数到节点
set       设置参数
```

3.7.2 rqt 工具箱

本节主要介绍 ROS2 中 rqt 工具箱的使用,例如 rqt 的安装、启动与插件使用等。

通信机制
工具_rqt
工具箱

1. rqt 的安装
- 一般只要安装的是 desktop 版本就会默认安装 rqt 工具箱;
- 如果需要安装可以以如下方式安装:

```
$sudo apt install ros-humble-rqt*
```

2. rqt 的启动

常用的 rqt 启动命令如下。
- 方式 1:rqt。
- 方式 2:ros2 run rqt_gui rqt_gui。

3. rqt 插件的使用

启动 rqt 之后,可以通过 plugins 添加所需的插件(如图 3-2 所示)。

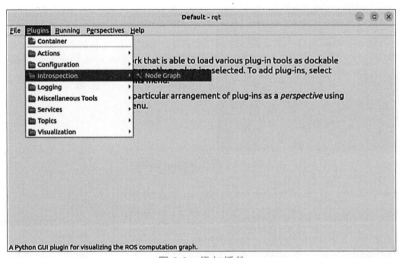

图 3-2　添加插件

在 plugins 中包含了话题、服务、动作、参数、日志等相关的插件,我们可以按需选用,方便地实现 ROS2 程序调试。使用示例如下。

(1) topic 插件

添加 topic 插件并发送速度指令控制乌龟运动(如图 3-3 所示)。

(2) service 插件

添加 service 插件并发送请求,在指定位置生成一只乌龟(如图 3-4 所示)。

(3) 参数插件

通过参数插件动态修改乌龟窗体的背景颜色(如图 3-5 所示)。

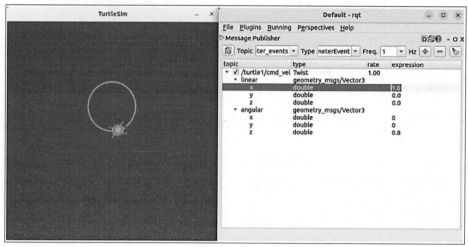

图 3-3　添加 topic 插件

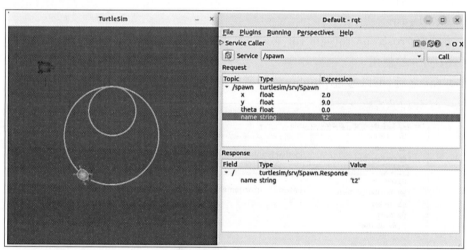

图 3-4　添加 service 插件

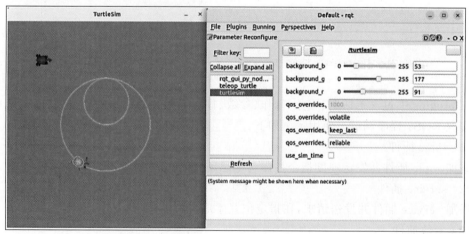

图 3-5　添加参数插件

3.8 通信机制实操

本节主要介绍通信机制相关的一些练习,这些练习基于 turtlesim 功能包,练习类型覆盖了话题、服务、动作、参数这 4 种通信机制。

通信机制实操准备:终端下进入工作空间的 src 目录,调用如下命令创建 C++ 功能包:

```
ros2 pkg create cpp07_exercise --build-type ament_cmake --dependencies rclcpp turtlesim base_interfaces_demo geometry_msgs rclcpp_action
```

期中大作业_00 概述

功能包下新建 launch 目录以备用。

3.8.1 话题通信案例需求及分析

1. 话题通信案例需求

启动两个 turtlesim_node 节点,节点 2 中的乌龟自动调头 180°,我们可以通过键盘控制节点 1 中的乌龟运动,但是不能控制节点 2 的乌龟,需要自实现功能:可以根据乌龟 1 的速度生成并发布控制乌龟 2 运动的速度指令,最终两只乌龟做镜像运动(如图 3-6 所示)。

期中大作业_话题通信案例分析

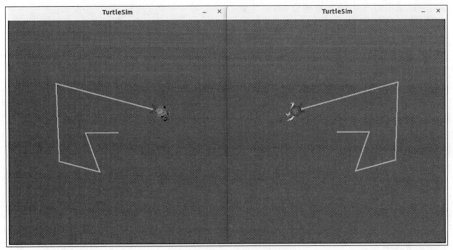

图 3-6 乌龟镜像运动

2. 话题通信案例分析

在上述案例中,我们主要需要关注的问题有以下 3 个。

(1) 如何创建两个 turtlesim_node 节点,且需要具有不同的节点名称、话题名称。

(2) 如何控制乌龟掉头?

(3) 核心实现是如何订阅乌龟 1 的速度并生成发布控制乌龟 2 运动的速度指令。

解决思路如下。

(1) 问题(1)我们可以通过为 turtlesim_node 设置 namespace 来解决。

(2) 问题(2)可以通过调用 turtlesim_node 内置的 action 功能来实现乌龟航向的设置。

(3) 问题(3)是整个案例的核心,需要编码实现,需要订阅乌龟 1 的位姿相关话题来获取乌龟1的速度，并且按照"镜像运动"的需求生成乌龟2的速度指令，并且该节点需要在掉头完毕后启动。

最后，整个案例涉及多个节点，我们可以通过 launch 文件集成这些节点。

3. 话题通信案例流程简介

主要步骤如下：
（1）编写速度订阅与发布实现；
（2）编写 launch 文件集成多个节点；
（3）编辑配置文件；
（4）编译；
（5）执行。

3.8.2 话题通信的实现

1. 话题通信速度订阅与发布

在功能包 cpp07_exercise 的 src 目录下，新建 C++ 文件 exe01_pub_sub.cpp，并编辑文件，输入如下内容：

```
/*
    需求:订阅窗口1中的乌龟速度,然后生成控制窗口2乌龟运动的指令并发布。
    步骤:
        1.包含头文件
        2.初始化 ROS2 客户端
        3.定义节点类
            3-1.创建控制第二个窗口乌龟运动的发布方
            3-2.创建订阅第一个窗口乌龟 pose 的订阅方
            3-3.根据订阅的乌龟的速度生成控制窗口2乌龟运动的速度消息并发布
        4.调用 spin 函数,并传入节点对象指针
        5.释放资源
*/
//1.包含头文件
#include <rclcpp/rclcpp.hpp>
#include <turtlesim/msg/pose.hpp>
#include <geometry_msgs/msg/twist.hpp>
//3.定义节点类
class ExePubSub : public rclcpp::Node
{
public:
    ExePubSub() : rclcpp::Node("demo01_pub_sub")
    {
        //3-1.创建控制第二个窗口乌龟运动的发布方
        twist_pub_ = this->create_publisher<geometry_msgs::msg::Twist>("/t2/turtle1/cmd_vel", 1);
        //3-2.创建订阅第一个窗口乌龟 pose 的订阅方
        pose_sub_ = this->create_subscription<turtlesim::msg::Pose>(
            "/turtle1/pose", 1, std::bind(&ExePubSub::poseCallback, this, std::placeholders::_1));
    }
```

```cpp
private:
  //3-3.根据订阅的乌龟的速度生成控制窗口2乌龟运动的速度消息并发布
  void poseCallback(const turtlesim::msg::Pose::ConstSharedPtr pose)
  {
    geometry_msgs::msg::Twist twist;
    twist.angular.z = -(pose->angular_velocity);    //角速度取反
    twist.linear.x = pose->linear_velocity;          //线速度不变
    twist_pub_->publish(twist);
  }

  rclcpp::Publisher<geometry_msgs::msg::Twist>::SharedPtr twist_pub_;
  rclcpp::Subscription<turtlesim::msg::Pose>::SharedPtr pose_sub_;
};

int main(int argc, char** argv)
{
  //2.初始化ROS2客户端
  rclcpp::init(argc, argv);
  //4.调用spin函数,并传入节点对象指针
  rclcpp::spin(std::make_shared<ExePubSub>());
  //5.释放资源
  rclcpp::shutdown();
}
```

2. 话题通信 launch 文件

在功能包 cpp07_exercise 的 launch 目录下,新建 launch 文件 exe01_pub_sub.launch.py,并编辑文件,输入如下内容:

```python
from launch import LaunchDescription
from launch_ros.actions import Node
from launch.actions import ExecuteProcess,RegisterEventHandler
from launch.event_handlers import OnProcessExit

def generate_launch_description():
    #1.创建两个 turtlesim_node 节点
    t1 = Node(package="turtlesim",executable="turtlesim_node")
    t2 = Node(package="turtlesim",executable="turtlesim_node",namespace="t2")
    #2.让第二只乌龟掉头
    rotate = ExecuteProcess(
        cmd=["ros2 action send_goal /t2/turtle1/rotate_absolute turtlesim/action/RotateAbsolute \"{'theta': 3.14}\""],
        output="both",
        shell=True
    )
    #3.自实现的订阅发布实现
    pub_sub = Node(package="cpp07_exercise",executable="exe01_pub_sub")
    #4.乌龟掉头完毕后,开始执行步骤3
```

```python
        rotate_exit_event = RegisterEventHandler(
            event_handler=OnProcessExit(
                target_action=rotate,
                on_exit=pub_sub
            )
        )
        return LaunchDescription([t1,t2,rotate,rotate_exit_event])
```

3. 编辑话题通信配置文件

（1）编辑 package.xml

在创建功能包时，所依赖的功能包已经自动配置了，配置内容如下：

```xml
<depend>rclcpp</depend>
<depend>turtlesim</depend>
<depend>base_interfaces_demo</depend>
<depend>geometry_msgs</depend>
<depend>rclcpp_action</depend>
```

（2）编辑 CMakeLists.txt

CMakeLists.txt 中发布和订阅程序的核心配置如下：

```cmake
# find dependencies
find_package(ament_cmake REQUIRED)
find_package(rclcpp REQUIRED)
find_package(turtlesim REQUIRED)
find_package(base_interfaces_demo REQUIRED)
find_package(geometry_msgs REQUIRED)
find_package(rclcpp_action REQUIRED)

add_executable(exe01_pub_sub src/exe01_pub_sub.cpp)
ament_target_dependencies(
  exe01_pub_sub
  "rclcpp"
  "turtlesim"
  "geometry_msgs"
)
install(TARGETS
  exe01_pub_sub
  DESTINATION lib/${PROJECT_NAME})

install(DIRECTORY launch DESTINATION share/${PROJECT_NAME})
```

4. 编译

在终端中进入当前工作空间，编译功能包：

```
colcon build --packages-select cpp07_exercise
```

5. 执行

当前工作空间下，启动终端输入如下指令：

```
. install/setup.bash
ros2 launch cpp07_exercise exe01_pub_sub.launch.py
```

指令执行后,将生成两个 turtlesim_node 节点对应的窗口,并且其中一个窗口的乌龟开始调头。

再启动一个终端,输入如下指令:

```
ros2 run turtlesim turtle_teleop_key
```

待乌龟调头完毕,就可以通过键盘控制乌龟运动了,最终运行结果与演示案例类似。

3.8.3 服务通信案例需求及分析

1. 服务通信案例需求

在 turtlesim_node 节点的窗体中在指定位置生成一只新乌龟并可以输出两只乌龟之间的直线距离(如图 3-7 所示)。

图 3-7　乌龟之间的距离计算

2. 服务通信案例分析

在上述案例中,需要关注的问题有以下两个。

(1) 如何在指定位置生成一只新乌龟?

(2) 计算两只乌龟的距离应该使用何种通信模式又如何实现?

解决思路如下:

(1) 问题(1)可以通过调用 turtlesim_node 内置的名称为/spawn 的服务功能来实现新乌龟的创建;

(2) 问题(2)可以通过服务通信来实现,客户端发送新生成的乌龟的位姿到服务端,服务端根据该坐标以及原生乌龟的坐标计算距离并响应。当然如果使用服务通信,还需要自定义服务接口。

最后,整个案例涉及多个节点,我们可以通过 launch 文件集成这些节点。

3. 服务通信流程简介

主要步骤如下：

（1）编写服务接口文件；

（2）编写服务端实现；

（3）编写客户端实现；

（4）编写 launch 文件；

（5）编辑配置文件；

（6）编译；

（7）执行。

期中大作业_服务通信_实现_01流程简介

3.8.4 服务通信的实现

1. 新建服务接口文件

在功能包 base_interfaces_demo 的 srv 目录下，新建 srv 文件 Distance.srv，并编辑文件，输入如下内容：

期中大作业_服务通信_实现_02自定义服务接口

```
float32 x
float32 y
float32 theta
---
float32 distance
```

2. 服务通信服务端的实现

在功能包 cpp07_exercise 的 src 目录下，新建 C++ 文件 exe02_server.cpp，并编辑文件，输入如下内容：

期中大作业_服务通信_实现_03框架搭建

```
/*
    需求:处理请求发送的目标点,计算乌龟与目标点之间的直线距离。
    步骤:
        1.包含头文件
        2.初始化 ROS2 客户端
        3.定义节点类
            3-1.创建乌龟姿态订阅方,回调函数中获取 x 坐标与 y 坐标
            3-2.创建服务端
            3-3.解析目标值,计算距离并反馈结果
        4.调用 spin 函数,并传入节点对象指针
        5.释放资源
*/
//1.包含头文件
#include "rclcpp/rclcpp.hpp"
#include "base_interfaces_demo/srv/distance.hpp"
#include "turtlesim/msg/pose.hpp"
#include "turtlesim/srv/spawn.hpp"

using namespace std::chrono_literals;
//3.定义节点类
```

期中大作业_服务通信_实现_04服务端

```cpp
class ExeDistanceServer: public rclcpp::Node {
public:
    ExeDistanceServer():Node("exe_distance_server"),turtle1_x(0.0),turtle1_y(0.0){
        //3-1.创建乌龟姿态订阅方,回调函数中获取 x 坐标与 y 坐标
        pose_sub = this->create_subscription<turtlesim::msg::Pose>("/turtle1/pose ", 10, std:: bind ( &ExeDistanceServer:: poseCallBack, this, std::placeholders::_1));
        //3-2.创建服务端
        distance_server = this->create_service<base_interfaces_demo::srv::Distance>("distance", std::bind(&ExeDistanceServer::distanceCallBack, this, std::placeholders::_1, std::placeholders::_2));
    }
private:

    void poseCallBack(const turtlesim::msg::Pose::SharedPtr pose){
        turtle1_x = pose->x;
        turtle1_y = pose->y;
    }
    //3-3.解析目标值,计算距离并反馈结果
    void distanceCallBack(const base_interfaces_demo::srv::Distance_Request::
        SharedPtr request, base_interfaces_demo:: srv:: Distance_Response::
        SharedPtr response
    ){
        //解析目标值
        float goal_x = request->x;
        float goal_y = request->y;

        //距离计算
        float x = goal_x - turtle1_x;
        float y = goal_y - turtle1_y;
        //将结果设置到响应
        response->distance = std::sqrt(x * x + y * y);
        RCLCPP_INFO(this->get_logger(),"目标坐标:(%.2f,%.2f),距离:%.2f",goal_x,goal_y,response->distance);

    }
    rclcpp::Subscription<turtlesim::msg::Pose>::SharedPtr pose_sub;
    rclcpp::Service<base_interfaces_demo::srv::Distance>::SharedPtr distance_server;
    float turtle1_x;
    float turtle1_y;


};

int main(int argc, char const *argv[])
{
    //2.初始化 ROS2 客户端
    rclcpp::init(argc,argv);
```

```cpp
//4.调用 spin 函数,并传入节点对象指针
rclcpp::spin(std::make_shared<ExeDistanceServer>());
//5.释放资源
rclcpp::shutdown();
return 0;
}
```

3. 服务通信客户端的实现

在功能包 cpp07_exercise 的 src 目录下,新建 C++ 文件 exe03_client.cpp,并编辑文件,输入如下内容:

期中大作业_服务通信_实现_05客户端

```cpp
/*
需求:发布目标点的坐标,接收并处理服务端反馈的结果。
步骤:
    1.包含头文件
    2.初始化 ROS2 客户端
    3.定义节点类
        3-1.创建客户端
        3-2.连接服务
        3-3.发送请求
    4.调用对象服务连接、发送请求、处理响应相关函数
    5.释放资源
*/
//1.包含头文件
#include "rclcpp/rclcpp.hpp"
#include "base_interfaces_demo/srv/distance.hpp"
#include "turtlesim/srv/spawn.hpp"

using namespace std::chrono_literals;

//3.定义节点类
class ExeDistanceClient: public rclcpp::Node {
public:
    ExeDistanceClient():Node("exe_distance_client"){
        //3-1.创建客户端
        distance_client = this->create_client<base_interfaces_demo::srv::Distance>("distance");
    }
    //3-2.连接服务
    bool connect_server(){
      while (!distance_client->wait_for_service(1s))
      {
        if (!rclcpp::ok())
        {
          RCLCPP_INFO(this->get_logger(),"客户端退出!");
          return false;
        }

        RCLCPP_INFO(this->get_logger(),"服务连接中,请稍候...");
```

```cpp
        }
        return true;
    }
    //3-3.发送请求
    rclcpp::Client<base_interfaces_demo::srv::Distance>::FutureAndRequestId 
send_distance(float x,float y,float theta){
        auto distance_request = std::make_shared<base_interfaces_demo::srv::
Distance::Request>();
        distance_request->x = x;
        distance_request->y = y;
        distance_request->theta = theta;
        return distance_client->async_send_request(distance_request);
    }
private:
    rclcpp::Client<base_interfaces_demo::srv::Distance>::SharedPtr distance_
client;
};
int main(int argc, char const * argv[])
{
    //2.初始化 ROS2 客户端
    rclcpp::init(argc,argv);
    //4.调用对象服务连接、发送请求、处理响应相关函数
    auto client = std::make_shared<ExeDistanceClient>();
    //处理传入的参数
    if (argc != 5)
    {
        RCLCPP_INFO(client->get_logger(),"请传入目标的位姿参数:(x,y,theta)");
        return 1;
    }

    float x = atof(argv[1]);
    float y = atof(argv[2]);
    float theta = atof(argv[3]);
    //服务连接
    bool flag = client->connect_server();
    if (!flag)
    {
        RCLCPP_INFO(client->get_logger(),"服务连接失败!");
        return 1;
    }
    //发送请求
    auto distance_future = client->send_distance(x, y, theta);
    //处理响应
    if(rclcpp::spin_until_future_complete(client,distance_future) == rclcpp::
FutureReturnCode::SUCCESS){
         RCLCPP_INFO(client->get_logger(),"两只乌龟相距%.2f 米。",distance_
future.get()->distance);
    } else {
        RCLCPP_INFO(client->get_logger(),"获取距离服务失败!");
    }
```

```
        //5.释放资源
        rclcpp::shutdown();
        return 0;
}
```

4. 编写服务通信的 launch 文件

该案例需要分别为服务端和客户端创建 launch 文件。

在功能包 cpp07_exercise 的 launch 目录下,首先新建服务端 launch 文件 exe02_server.launch.py,编辑文件,输入如下内容:

```
from launch import LaunchDescription
from launch_ros.actions import Node

def generate_launch_description():
    #创建 turtlesim_node 节点
    turtle = Node(package="turtlesim",executable="turtlesim_node")
    #创建测距服务端节点
    server = Node(package="cpp07_exercise",executable="exe02_server")

    return LaunchDescription([turtle,server])
```

然后新建客户端 launch 文件 exe03_client.launch.py,编辑文件,输入如下内容:

```
from launch import LaunchDescription
from launch_ros.actions import Node
from launch.actions import ExecuteProcess

def generate_launch_description():
    #设置目标点的坐标,以及目标点乌龟的名称
    x = 8.54
    y = 9.54
    theta = 0.0
    name = "t2"
    #生成新的乌龟
    spawn = ExecuteProcess(
        cmd=["ros2 service call /spawn turtlesim/srv/Spawn \"{'x': "
            + str(x) + ",'y': " + str(y) + ",'theta': " + str(theta) + ",'name': '" + name + "'}\""],
        #output="both",
        shell=True
    )
    #创建客户端节点
    client = Node(package="cpp07_exercise",
            executable="exe03_client",
            arguments=[str(x),str(y),str(theta)])
    return LaunchDescription([spawn,client])
```

5. 编辑服务通信的配置文件

此处需要编辑 base_interfaces_demo 和 cpp07_exercise 两个功能包下的配置文件。

(1) 编辑 base_interfaces_demo 下的 CMakeLists.txt

鉴于功能包 base_interfaces_demo 的基础配置已经设置过了，所以只需要修改 CMakeLists.txt 中的 rosidl_generate_interfaces 函数即可，修改后的内容如下：

```
rosidl_generate_interfaces(${PROJECT_NAME}
  "msg/Student.msg"
  "srv/AddInts.srv"
  "srv/Distance.srv"
  "action/Progress.action"
)
```

(2) 编辑 cpp07_exercise 下的 CMakeLists.txt

CMakeLists.txt 文件需要添加如下内容：

```
add_executable(exe02_server src/exe02_server.cpp)
ament_target_dependencies(
  exe02_server
  "rclcpp"
  "turtlesim"
  "base_interfaces_demo"
  "geometry_msgs"
)
add_executable(exe03_client src/exe03_client.cpp)
ament_target_dependencies(
  exe03_client
  "rclcpp"
  "turtlesim"
  "base_interfaces_demo"
  "geometry_msgs"
)
```

文件中 install 修改为如下内容：

```
install(TARGETS
  exe01_pub_sub
  exe02_server
  exe03_client
  DESTINATION lib/${PROJECT_NAME})
```

6. 编译

在终端中进入当前工作空间，编译功能包：

```
colcon build --packages-select base_interfaces_demo cpp07_exercise
```

7. 执行

当前工作空间下，启动两个终端。

终端 1 输入如下指令：

```
. install/setup.bash
ros2 launch cpp07_exercise exe02_server.launch.py
```

指令执行后,将生成 turtlesim_node 节点对应的窗口,并且会启动自定义的测距服务端。

终端 2 输入如下指令:

```
. install/setup.bash
ros2 launch cpp07_exercise exe03_client.launch.py
```

指令执行后,会生成一只新的乌龟,并且输出两只乌龟的直线距离,最终运行结果与演示案例类似。

3.8.5 动作通信案例需求及分析

1. 动作通信案例需求

处理请求发送的目标点,控制乌龟向该目标点运动,并连续反馈乌龟与目标点之间的剩余距离(如图 3-8 所示)。

图 3-8　乌龟向目标点运动并计算距离

2. 动作通信案例分析

在上述案例与服务通信案例类似,需要关注的问题有以下两个:

(1)如何在指定位置生成一只新乌龟?

(2)控制原生乌龟向目标乌龟运动并连续反馈剩余距离应该使用何种通信模式又如何实现?

解决思路如下:

(1)问题(1)可以通过调用 turtlesim_node 内置的名称为/spawn 的服务功能来实现新乌龟的创建。

(2)问题(2)可以通过动作通信来实现,动作客户端发送新生成的乌龟的位姿到动作服务端,服务端根据该坐标以及原生乌龟的坐标计算出二者的距离,计算速度并控制原生乌龟运动。当然,如果使用动作通信,还需要自定义动作接口。

整个案例涉及多个节点,我们可以通过 launch 文件集成这些节点。

3. 动作通信流程简介

主要步骤如下:

(1) 编写动作接口文件;

(2) 编写动作服务端实现;

(3) 编写动作客户端实现;

(4) 编写 launch 文件;

(5) 编辑配置文件;

(6) 编译;

(7) 执行。

期中大作业_动作通信_实现_01 流程简介

3.8.6 动作通信的实现

1. 新建动作接口文件

在功能包 base_interfaces_demo 的 action 目录下,新建 action 文件 Nav.action,并编辑文件,输入如下内容:

期中大作业_动作通信_实现_02 自定义动作接口

```
float32 goal_x
float32 goal_y
float32 goal_theta
---
float32 turtle_x
float32 turtle_y
float32 turtle_theta
---
float32 distance
```

2. 动作通信动作服务端的实现

在功能包 cpp07_exercise 的 src 目录下,新建 C++ 文件 exe04_action_server.cpp,并编辑文件,输入如下内容:

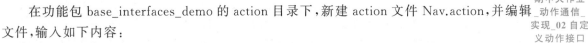

期中大作业_动作通信_实现_03 框架搭建

```
/*
    需求:处理请求发送的目标点,控制乌龟向该目标点运动,并连续反馈乌龟与目标点之间的剩余
距离。
    步骤:
        1.包含头文件
        2.初始化 ROS2 客户端
        3.定义节点类
            3-1.创建原生乌龟位姿订阅方,回调函数中获取乌龟位姿
            3-2.创建原生乌龟速度发布方
            3-3.创建动作服务端
            3-4.解析动作客户端发送的请求
            3-5.处理动作客户端发送的取消请求
            3-6.创建新线程处理请求
            3-7.新线程产生连续反馈并响应最终结果
```

期中大作业_动作通信_实现_04 服务端上

```
        4.调用 spin 函数,并传入节点对象指针
        5.释放资源
*/
//1.包含头文件
#include "rclcpp/rclcpp.hpp"
#include "rclcpp_action/rclcpp_action.hpp"
#include "base_interfaces_demo/action/nav.hpp"
#include "turtlesim/msg/pose.hpp"
#include "geometry_msgs/msg/twist.hpp"

using base_interfaces_demo::action::Nav;
using namespace std::placeholders;

//3.定义节点类
class ExeNavActionServer: public rclcpp::Node {
public:
    ExeNavActionServer ( const rclcpp:: NodeOptions & options = rclcpp::
NodeOptions()):
        Node("exe_nav_action_server",options){
        //3-1.创建原生乌龟位姿订阅方,回调函数中获取乌龟位姿
        pose_sub = this->create_subscription<turtlesim::msg::Pose>("/turtle1/
pose ", 10, std:: bind ( &ExeNavActionServer:: poseCallBack, this, std::
placeholders::_1));
        //3-2.创建原生乌龟速度发布方
         cmd_vel_pub = this->create_publisher<geometry_msgs::msg::Twist>("/
turtle1/cmd_vel",10);
        //3-3.创建动作服务端
        nav_action_server = rclcpp_action::create_server<Nav>(
            this,
            "nav",
            std::bind(&ExeNavActionServer::handle_goal,this,_1,_2),
            std::bind(&ExeNavActionServer::handle_cancel,this,_1),
            std::bind(&ExeNavActionServer::handle_accepted,this,_1)
            );

    }
private:
    turtlesim::msg::Pose::SharedPtr turtle1_pose = nullptr;
    rclcpp::Subscription<turtlesim::msg::Pose>::SharedPtr pose_sub;
    rclcpp_action::Server<Nav>::SharedPtr nav_action_server;
    rclcpp::Publisher<geometry_msgs::msg::Twist>::SharedPtr cmd_vel_pub;
    void poseCallBack(const turtlesim::msg::Pose::SharedPtr pose){
        turtle1_pose = pose;
    }
    //3-4.解析动作客户端发送的请求
    rclcpp_action::GoalResponse handle_goal(const rclcpp_action::GoalUUID &
goal_uuid, std::shared_ptr<const Nav::Goal> goal){
        (void)goal_uuid;
        RCLCPP_INFO(this->get_logger(),"请求坐标:(%.2f,%.2f),航向:%.2f", goal
->goal_x,goal->goal_y,goal->goal_theta);
```

期中大作业_动作通信_实现_05服务端中

```cpp
        if (goal->goal_x < 0 || goal->goal_x > 11.1 || goal->goal_y < 0 || goal->goal_y > 11.1)
        {
            return rclcpp_action::GoalResponse::REJECT;
        }

        return rclcpp_action::GoalResponse::ACCEPT_AND_EXECUTE;
    }
    //3-5.处理动作客户端发送的取消请求
    rclcpp_action::CancelResponse handle_cancel(std::shared_ptr<rclcpp_action::ServerGoalHandle<Nav>> goal_handle){
        (void)goal_handle;
        RCLCPP_INFO(this->get_logger(),"任务取消!");
        return rclcpp_action::CancelResponse::ACCEPT;
    }
    //3-7.新线程产生连续反馈并响应最终结果
    void execute(std::shared_ptr<rclcpp_action::ServerGoalHandle<Nav>> goal_handle){
        RCLCPP_INFO(this->get_logger(),"开始执行任务......");
        //解析目标值
        float goal_x = goal_handle->get_goal()->goal_x;
        float goal_y = goal_handle->get_goal()->goal_y;
        //创建连续反馈对象指针
        auto feedback = std::make_shared<Nav::Feedback>();
        //创建最终结果对象指针
        auto result = std::make_shared<Nav::Result>();

        rclcpp::Rate rate(1.0);
        while (true)
        {
            //任务执行中,关于客户端发送取消请求的处理
            if(goal_handle->is_canceling()){
                goal_handle->canceled(result);
                return;
            }
            //解析原生乌龟位姿数据
            float turtle1_x = turtle1_pose->x;
            float turtle1_y = turtle1_pose->y;
            float turtle1_theta = turtle1_pose->theta;
            //计算原生乌龟与目标乌龟的x向以及y向的距离
            float x_distance = goal_x - turtle1_x;
            float y_distance = goal_y - turtle1_y;


            //计算速度
            geometry_msgs::msg::Twist twist;
            double scale = 0.5;
            twist.linear.x = scale * x_distance;
            twist.linear.y = scale * y_distance;
            cmd_vel_pub->publish(twist);
```

期中大作业_动作通信_实现_06服务端下

```cpp
            //计算剩余距离
            float distance = sqrt(pow(x_distance,2) + pow(y_distance,2));

            //当两乌龟距离小于0.15米时,将当前乌龟位姿设置进result并退出循环
            if (distance < 0.15)
            {
                //将当前乌龟坐标赋值给result
                result->turtle_x = turtle1_x;
                result->turtle_y = turtle1_y;
                result->turtle_theta = turtle1_theta;
                break;
            }
            //为feedback设置数据并发布
            feedback->distance = distance;
            goal_handle->publish_feedback(feedback);

            rate.sleep();
        }
        //设置最终响应结果
        if (rclcpp::ok())
        {
            goal_handle->succeed(result);
            RCLCPP_INFO(this->get_logger(),"任务结束!");
        }

    }
    //3-6.创建新线程处理请求
    void handle_accepted(std::shared_ptr<rclcpp_action::ServerGoalHandle<Nav>> goal_handle){
        std::thread{std::bind(&ExeNavActionServer::execute, this, _1), goal_handle}.detach();
    }

};

int main(int argc, char const * argv[])
{
    //2.初始化ROS2客户端
    rclcpp::init(argc,argv);
    //4.调用spin函数,并传入节点对象指针
    rclcpp::spin(std::make_shared<ExeNavActionServer>());
    //5.释放资源
    rclcpp::shutdown();
    return 0;
}
```

3. 动作通信动作客户端的实现

在功能包 cpp07_exercise 的 src 目录下,新建 C++ 文件 exe05_action_client.cpp,并编辑文件,输入如下内容:

```cpp
/*
    需求:向动作服务端发送目标点数据,并处理服务端的响应数据。
    步骤:
        1.包含头文件
        2.初始化 ROS2 客户端
        3.定义节点类
            3-1.创建动作客户端
            3-2.发送请求数据,并处理服务端响应
            3-3.处理目标响应
            3-4.处理响应的连续反馈
            3-5.处理最终响应
        4.调用 spin 函数,并传入节点对象指针
        5.释放资源
*/
//1.包含头文件
#include "rclcpp/rclcpp.hpp"
#include "rclcpp_action/rclcpp_action.hpp"
#include "base_interfaces_demo/action/nav.hpp"
#include "turtlesim/srv/spawn.hpp"

using base_interfaces_demo::action::Nav;
using namespace std::chrono_literals;
using namespace std::placeholders;

//3.定义节点类
class ExeNavActionClient: public rclcpp::Node{
public:
    ExeNavActionClient ( const rclcpp:: NodeOptions & options = rclcpp::NodeOptions())
      :Node("exe_nav_action_client",options){
        //3-1.创建动作客户端
        nav_client = rclcpp_action::create_client<Nav>(this,"nav");
    }
    //3-2.发送请求数据,并处理服务端响应
    void send_goal(float x, float y, float theta){
        //连接动作服务端,如果超时(5s),直接退出
        if (!nav_client->wait_for_action_server(5s))
        {
            RCLCPP_ERROR(this->get_logger(),"服务连接失败!");
            return;
        }
        //组织请求数据
        auto goal_msg = Nav::Goal();
        goal_msg.goal_x = x;
        goal_msg.goal_y = y;
        goal_msg.goal_theta = theta;
        //const rclcpp_action::Client<base_interfaces_demo::action::Nav>::
        //SendGoalOptions &options
```

期中大作业_动作通信_实现_08客户端中

```cpp
        rclcpp_action::Client<Nav>::SendGoalOptions options;
        options.goal_response_callback = std::bind(&ExeNavActionClient::goal_response_callback, this, _1);
        options.feedback_callback = std::bind(&ExeNavActionClient::feedback_callback, this, _1, _2);
        options.result_callback = std::bind(&ExeNavActionClient::result_callback, this, _1);
        //发送
        nav_client->async_send_goal(goal_msg,options);

    }
private:
    rclcpp_action::Client<Nav>::SharedPtr nav_client;
    //3-3.处理目标响应
    void goal_response_callback(rclcpp_action::ClientGoalHandle<Nav>::SharedPtr goal_handle){
        if(!goal_handle){
            RCLCPP_ERROR(this->get_logger(),"目标请求被服务器拒绝");
        } else {
            RCLCPP_INFO(this->get_logger(),"目标请求被接收!");
        }
    }
    //3-4.处理响应的连续反馈
    void feedback_callback(rclcpp_action::ClientGoalHandle<Nav>::SharedPtr goal_handle,
        const std::shared_ptr<const Nav::Feedback> feedback){
        (void)goal_handle;
        RCLCPP_INFO(this->get_logger(),"距离目标点还有 %.2f 米。",feedback->distance);
    }
    //3-5.处理最终响应
    void result_callback(const rclcpp_action::ClientGoalHandle<Nav>::WrappedResult & result){
        switch (result.code){
        case rclcpp_action::ResultCode::SUCCEEDED:
            RCLCPP_INFO(this->get_logger(),
                "乌龟最终坐标:(%.2f,%.2f),航向:%.2f",
                result.result->turtle_x,
                result.result->turtle_y,
                result.result->turtle_theta
                );
            break;
        case rclcpp_action::ResultCode::CANCELED:
            RCLCPP_ERROR(this->get_logger(),"任务被取消");
            break;
        case rclcpp_action::ResultCode::ABORTED:
            RCLCPP_ERROR(this->get_logger(),"任务被中止");
            break;
        default:
            RCLCPP_ERROR(this->get_logger(),"未知异常");
```

期中大作业_动作通信_实现_09客户端下

```cpp
            break;
        }
        //rclcpp::shutdown();
    }
};

int main(int argc, char const * argv[])
{
    //2.初始化 ROS2 客户端
    rclcpp::init(argc,argv);
    //4.调用 spin 函数,并传入节点对象指针
    auto client = std::make_shared<ExeNavActionClient>();

    if (argc != 5)
    {
        RCLCPP_INFO(client->get_logger(),"请传入目标的位姿参数:(x,y,theta)");
        return 1;
    }
    //发送目标点
    client->send_goal(atof(argv[1]), atof(argv[2]), atof(argv[3]));
    rclcpp::spin(client);
    //5.释放资源
    rclcpp::shutdown();
    return 0;
}
```

4. 编写动作通信 launch 文件

该案例需要分别为动作服务端和动作客户端创建 launch 文件。

功能包 cpp07_exercise 的 launch 目录下,首先新建动作服务端 launch 文件 exe04_action_server.launch.py,编辑文件,输入如下内容:

```python
from launch import LaunchDescription
from launch_ros.actions import Node

def generate_launch_description():
    #创建 turtlesim_node 节点
    turtle = Node(package="turtlesim",executable="turtlesim_node")
    #创建动作服务端节点
    server = Node(package="cpp07_exercise",executable="exe04_action_server")

    return LaunchDescription([turtle,server])
```

然后新建动作客户端 launch 文件 exe05_action_client.launch.py,编辑文件,输入如下内容:

```python
from launch import LaunchDescription
from launch_ros.actions import Node
from launch.actions import ExecuteProcess
```

```python
def generate_launch_description():
    #设置目标点的坐标,以及目标点乌龟的名称
    x = 8.54
    y = 9.54
    theta = 0.0
    name = "t3"
    #生成新的乌龟
    spawn = ExecuteProcess(
        cmd=["ros2 service call /spawn turtlesim/srv/Spawn \"{'x': "
            + str(x) + ",'y': " + str(y) + ",'theta': " + str(theta) + ",'name\
': '" + name + "'}\""],
        #output="both",
        shell=True
    )
    #创建动作客户端节点
    client = Node(package="cpp07_exercise",
                  executable="exe05_action_client",
                  arguments=[str(x),str(y),str(theta)])
    return LaunchDescription([spawn,client])
```

5. 编辑动作通信配置文件

此处需要编辑 base_interfaces_demo 和 cpp07_exercise 两个功能包下的配置文件。

（1）编辑 base_interfaces_demo 下的 CMakeLists.txt

与前面的服务通信一样，只需要修改 CMakeLists.txt 中的 rosidl_generate_interfaces 函数即可，修改后的内容如下：

```
rosidl_generate_interfaces(${PROJECT_NAME}
  "msg/Student.msg"
  "srv/AddInts.srv"
  "srv/Distance.srv"
  "action/Progress.action"
  "action/Nav.action"
)
```

（2）编辑 cpp07_exercise 下的 CMakeLists.txt

CMakeLists.txt 文件需要添加如下内容：

```
add_executable(exe04_action_server src/exe04_action_server.cpp)
ament_target_dependencies(
  exe04_action_server
  "rclcpp"
  "turtlesim"
  "base_interfaces_demo"
  "geometry_msgs"
  "rclcpp_action"
)
```

```
add_executable(exe05_action_client src/exe05_action_client.cpp)
ament_target_dependencies(
  exe05_action_client
  "rclcpp"
  "turtlesim"
  "base_interfaces_demo"
  "geometry_msgs"
  "rclcpp_action"
)
```

文件中 install 修改为如下内容:

```
install(TARGETS
  exe01_pub_sub
  exe02_server
  exe03_client
  exe04_action_server
  exe05_action_client
  DESTINATION lib/${PROJECT_NAME})
```

6. 编译

在终端中进入当前工作空间,编译功能包:

```
colcon build --packages-select base_interfaces_demo cpp07_exercise
```

7. 执行

当前工作空间下,启动两个终端。

终端 1 输入如下指令:

```
. install/setup.bash
ros2 launch cpp07_exercise exe04_action_server.launch.py
```

期中大作业_动作通信_实现_10 测试以及小结

指令执行后,将生成 turtlesim_node 节点对应的窗口,并且会启动乌龟导航的动作服务端。

终端 2 输入如下指令:

```
. install/setup.bash
ros2 launch cpp07_exercise exe05_action_client.launch.py
```

指令执行后,会生成一只新的乌龟,并且原生乌龟会以新乌龟为目标点向其运动,运动过程中,动作客户端会接收服务端连续反馈的剩余距离消息,最终运行结果与演示案例类似。

3.8.7 参数服务案例需求及分析

1. 参数服务案例需求

动态修改乌龟窗口的背景颜色(如图 3-9 所示)。

期中大作业_参数服务_案例分析

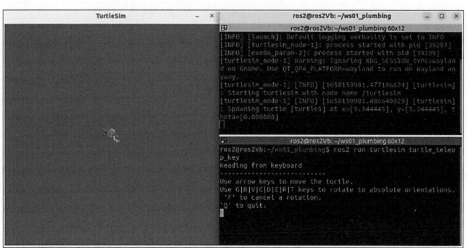

图 3-9　动态修改乌龟窗口的背景颜色

2. 参数服务案例分析

在上述案例中,只需要修改背景色相关参数即可。

3. 参数服务流程简介

主要步骤如下:

(1) 编写参数客户端实现;

(2) 编写 launch 文件;

(3) 编辑配置文件;

(4) 编译;

(5) 执行。

3.8.8　参数服务的实现

1. 参数服务参数客户端的实现

在功能包 cpp07_exercise 的 src 目录下,新建 C++ 文件 exe06_param.cpp,并编辑文件,输入如下内容:

```
/*
    需求:修改 turtlesim_node 的背景颜色。
    步骤:
        1.包含头文件
        2.初始化 ROS2 客户端
        3.定义节点类
            3-1.创建参数客户端
            3-2.连接参数服务端
            3-3.更新参数
        4.创建对象指针,并调用其函数
        5.释放资源
*/
//1.包含头文件
#include "rclcpp/rclcpp.hpp"
```

```cpp
using namespace std::chrono_literals;
//3.定义节点类
class ExeParamClient: public rclcpp::Node{
public:
    ExeParamClient():Node("exe_param_client"),red(0){
        //3-1.创建参数客户端
        param_client = std::make_shared<rclcpp::SyncParametersClient>(this,"/turtlesim");
    }
    //3-2.连接参数服务端
    bool connect_server(){
        while (!param_client->wait_for_service(1s))
        {
            if (!rclcpp::ok())
            {
                RCLCPP_INFO(this->get_logger(),"终端退出!");
                return false;
            }

            RCLCPP_INFO(this->get_logger(),"参数服务连接中,请稍等......");
        }
        return true;
    }
    //3-3.更新参数
    void update_param(){
        red = param_client->get_parameter<int32_t>("background_r");
        rclcpp::Rate rate(30.0);
        int i = red;
        while (rclcpp::ok())
        {
            i < 255 ? red += 5 : red -= 5;
            i += 5;
            if(i >= 510) i = 0;

            //RCLCPP_INFO(this->get_logger(),"red = %d", red);
            param_client->set_parameters({rclcpp::Parameter("background_r",red)});
            rate.sleep();
        }

    }
private:
    rclcpp::SyncParametersClient::SharedPtr param_client;
    int32_t red;
};

int main(int argc, char const * argv[])
{
    //2.初始化 ROS2 客户端
```

期中大作业_参数服务_实现_03背景色修改逻辑

```
    rclcpp::init(argc,argv);

    //4.创建对象指针,并调用其函数
    auto param_client = std::make_shared<ExeParamClient>();
    if(!param_client->connect_server()) return 1;
    param_client->update_param();

    //rclcpp::spin(param_client);
    //5.释放资源
    rclcpp::shutdown();
    return 0;
}
```

2. 编写参数服务 launch 文件

在功能包 cpp07_exercise 的 launch 目录下,新建 launch 文件 exe06_param.launch.py,并编辑文件,输入如下内容:

```
from launch import LaunchDescription
from launch_ros.actions import Node

def generate_launch_description():
    #创建 turtlesim_node 节点
    turtle = Node(package="turtlesim",executable="turtlesim_node")
    #创建背景色修改节点
    param = Node(package="cpp07_exercise",executable="exe06_param")

    return LaunchDescription([turtle,param])
```

3. 编辑参数服务配置文件

package.xml 无须修改,CMakeLists.txt 文件需要添加如下内容:

```
add_executable(exe06_param src/exe06_param.cpp)
ament_target_dependencies(
  exe06_param
  "rclcpp"
  "turtlesim"
)
```

文件中 install 修改为如下内容:

```
install(TARGETS
  exe01_pub_sub
  exe02_server
  exe03_client
  exe04_action_server
  exe05_action_client
  exe06_param
  DESTINATION lib/${PROJECT_NAME})
```

4. 编译

在终端中进入当前工作空间,编译功能包:

```
colcon build --packages-select cpp07_exercise
```

5. 执行

当前工作空间下,启动终端输入如下指令:

```
. install/setup.bash
ros2 launch cpp07_exercise exe06_param.launch.py
```

指令执行后,将生成 turtlesim_node 节点对应的窗口,窗口背景色会动态改变,最终运行结果与演示案例类似。

3.9 本章小结

本章小结

本章主要介绍了通信机制相关的一些补充内容,相关知识点如下:
- 分布式环境搭建;
- 各种重名问题(包重名、节点重名、话题重名);
- 元功能包;
- 时间相关 API;
- 通信机制常用工具。

ROS2 中的分布式环境搭建极其便捷,只需要保证不同的 ROS2 设备在同一网络下,默认不同设备之间即可正常通信;关于重名问题,不同工作空间下功能包重名应该是尽量避免的,节点重名与话题重名的问题则可以通过两种策略、三种途径解决;元功能包是一个特殊的功能包,相当于一个包目录索引,可以将具有内在关联的功能包关联到一起;时间相关的 API 则介绍了在 ROS2 中一些常用的定时器、频率控制和持续时间相关的一些 API,这些 API 都是经常使用的;通信机制工具主要介绍了通信相关的命令行工具以及图形化的 rqt 工具箱,通过这些工具可以提高开发者的开发、调试效率。

第 4 章 ROS2 工具之 launch 与 rosbag2

ROS2 工具之 launch 文件与 rosbag2_引言

本章导论

本章开始,将正式进入 ROS2 工具部分内容的介绍。之前我们已经多次使用到 launch 文件了,本章将系统性地介绍 ROS2 中的 launch 实现,除此之外还将介绍 ROS2 中极其实用的工具——rosbag2,通过该工具可以实现话题消息的录制与回放。

◆ 4.1 启动文件 launch 简介

1. 启动文件 launch 的适用场景

如 2.1 节通信机制简介所述,在机器人操作系统中,节点是程序的基本构成单元,一个完整的、系统性的功能模块是由若干节点组成的,启动某个功能模块时可能需要依次启动这些节点,例如以机器人的导航功能为例,涉及的节点主要有:

(1)底盘驱动;
(2)雷达驱动;
(3)摄像头驱动;
(4)imu 驱动;
(5)地图服务;
(6)路径规划;
(7)运动控制;
(8)环境感知;
(9)定位。
……

launch 文件应用场景、概念、作用与准备工作

并且不同节点启动时,可能还会涉及各种参数的导入、节点间执行逻辑的处理等。

如果使用 ros2 run 指令逐一执行节点的话,显然效率低下,基于此,ROS2 中提供了 launch 模块用于实现节点的批量启动。

2. 启动文件 launch 的概念

launch 字面意为"启动""发射",在 ROS2 中主要用于启动程序。launch 模块由 launch 文件与 ros2 launch 命令组成,前者用于打包并配置节点,后者用于执行 launch 文件。

3. 启动文件 launch 的作用

简化节点的配置与启动,提高程序的启动效率。

4. 启动文件 launch 的实现的准备工作

(1) 新建工作空间 ws02_tools,本章后续编码实现都基于此工作空间。

(2) 终端下进入工作空间的 src 目录,调用如下两条命令分别创建 C++ 功能包和 Python 功能包。

```
ros2 pkg create cpp01_launch --build-type ament_cmake --dependencies rclcpp
ros2 pkg create py01_launch --build-type ament_python --dependencies rclpy
```

(3) 在使用 Python 版的 launch 文件时,涉及的 API 众多,为了提高编码效率,可以在 VSCode 中设置 launch 文件的代码模板,将 VSCode 的配置文件 python.json 修改为如下内容:

```
{
    //Place your snippets for python here. Each snippet is defined under a
    //snippet name and has a prefix, body and description. The prefix is what is
    //used to trigger the snippet and the body will be expanded and inserted.
    //Possible variables are: $1, $2 for tab stops, $0 for the final cursor
    //position, and ${1:label}, ${2:another} for placeholders. Placeholders
    //with the same ids are connected.
    //Example:
    //"Print to console": {
    //    "prefix": "log",
    //    "body": [
    //        "console.log('$1');",
    //        "$2"
    //    ],
    //    "description": "Log output to console"
    //}

    "ros2 node": {
        "prefix": "ros2_node_py",
        "body": [
            "\"\"\" ",
            "    需求:",
            "    流程:",
            "        1.导包",
            "        2.初始化 ROS2 客户端",
            "        3.定义节点类",
            "                     ",
            "        4.调用 spin 函数,并传入节点对象指针",
            "        5.释放资源",
            "",
            "",
            "\"\"\"",
            "#1.导包",
            "import rclpy",
```

```
            "from rclpy.node import Node",
            "",
            "#3.定义节点类",
            "class MyNode(Node):",
            "    def __init__(self):",
            "        super().__init__(\"mynode_node_py\")",
            "",
            "def main():",
            "    #2.初始化ROS2客户端",
            "    rclpy.init()",
            "    #4.调用spin函数,并传入节点对象指针",
            "    rclpy.spin(MyNode())",
            "    #5.释放资源",
            "    rclpy.shutdown()",
            "",
            "if __name__ == '__main__':",
            "    main()"
        ],
        "description": "ros2 node"
    },
    "ros2 launch py": {
        "prefix": "ros2_launch_py",
        "body": [
            "from launch import LaunchDescription",
            "from launch_ros.actions import Node",
            "#封装终端指令相关类--------------",
            "#from launch.actions import ExecuteProcess",
            "#from launch.substitutions import FindExecutable",
            "#参数声明与获取-----------------",
            "#from launch.actions import DeclareLaunchArgument",
            "#from launch.substitutions import LaunchConfiguration",
            "#文件包含相关-------------------",
            "#from launch.actions import IncludeLaunchDescription",
            "#from launch.launch_description_sources import PythonLaunchDescriptionSource",
            "#分组相关----------------------",
            "#from launch_ros.actions import PushRosNamespace",
            "#from launch.actions import GroupAction",
            "#事件相关----------------------",
            "#from launch.event_handlers import OnProcessStart, OnProcessExit",
            "#from launch.actions import ExecuteProcess, RegisterEventHandler, LogInfo",
            "#获取功能包下的share目录路径------",
            "#from ament_index_python.packages import get_package_share_directory",
            "",
            "def generate_launch_description():",
            "    ",
            "    return LaunchDescription([])"
        ],
```

```
        "description": "ros2 launch"
    }
}
```

在 ROS2 中，launch 文件可以使用 Python、XML 或 YAML 语言编写，不同格式的 launch 文件的基本使用流程一致。接下来我们通过一个案例演示 launch 文件的基本编写编译流程，案例需求：编写并执行 launch 文件，可以启动两个 turtlesim_node 节点。

实现步骤如下：

(1) 编写 launch 文件；

(2) 编辑配置文件；

(3) 编译；

(4) 执行。

- C++ 实现

(1) 编写 launch 文件

在功能包 cpp01_launch 下创建 launch 目录。launch 文件可以是 Python 文件、XML 文件或 YAML 文件，不同类型的 launch 文件可以直接存储在 launch 目录下，或者为了方便管理，我们也可以在 launch 目录下新建 py、xml 和 yaml 三个文件夹分别存储对应类型的 launch 文件，并且建议不同格式的 launch 文件命名时分别使用_launch.py、_launch.xml、_launch.yaml 或 .launch.py、.launch.xml、.launch.yaml 作为后缀名。

不同类型的 launch 文件示例如下。

① Python 文件：py00_base.launch.py

```
from launch import LaunchDescription
from launch_ros.actions import Node

def generate_launch_description():

    turtle1 = Node(package="turtlesim", executable="turtlesim_node", name="t1")
    turtle2 = Node(package="turtlesim", executable="turtlesim_node", name="t2")
    return LaunchDescription([turtle1, turtle2])
```

② XML 文件：xml00_base.launch.xml

```
<launch>
    <node pkg="turtlesim" exec="turtlesim_node" name="t1" />
    <node pkg="turtlesim" exec="turtlesim_node" name="t2" />
</launch>
```

③ YAML 文件：yaml00_base.launch.yaml

```
launch:
- node:
    pkg: "turtlesim"
    exec: "turtlesim_node"
    name: "t1"
```

```
    - node:
        pkg: "turtlesim"
        exec: "turtlesim_node"
        name: "t2"
```

launch 文件编写完毕后，其实已经可以直接使用 ros2 launch 文件路径的方式执行了，终端中进入当前工作空间，输入如下指令：

```
ros2 launch src/cpp01_launch/launch/py/py00_base.launch.py
```

但是这种执行方式不建议。
（2）编辑配置文件
CMakeLists.txt 中添加语句：

```
install(DIRECTORY launch DESTINATION share/${PROJECT_NAME})
```

无论该功能包的 launch 目录下有多少个 launch 文件，launch 相关配置只需设置一次即可。
（3）编译
终端中进入当前工作空间，编译功能包：

```
colcon build --packages-select cpp01_launch
```

（4）执行
当前工作空间下，启动终端，输入如下指令：

```
. install/setup.bash
ros2 run cpp01_launch py00_base.launch.py
```

该指令运行的是 Python 格式的 launch 文件，其他两个 launch 文件与之同理。最终，会启动两个 turtlesim_node 节点。

- Python 实现

（1）编写 launch 文件
在功能包 py01_launch 下创建 launch 目录，在 launch 目录下新建 py、xml 和 yaml 3 个文件夹分别存储对应类型的 launch 文件，launch 文件实现与 rclcpp 完全一致。也可以使用 ros2 launch 文件路径的方式执行。

launch 基本
使用流程_
02Python
实现

（2）编辑配置文件
编辑 setup.py 文件，需要在 data_files 属性中添加相关 launch 文件的路径，修改后的内容如下：

```
from setuptools import setup
from glob import glob
package_name = 'py01_launch'

setup(
```

```python
    name=package_name,
    version='0.0.0',
    packages=[package_name],
    data_files=[
        ('share/ament_index/resource_index/packages',
            ['resource/' + package_name]),
        ('share/' + package_name, ['package.xml']),
        #launch 文件相关配置
        ('share/' + package_name, glob("launch/py/*.launch.py")),
        ('share/' + package_name, glob("launch/xml/*.launch.xml")),
        ('share/' + package_name, glob("launch/yaml/*.launch.yaml"))
    ],
    install_requires=['setuptools'],
    zip_safe=True,
    maintainer='ros2',
    maintainer_email='ros2@todo.todo',
    description='TODO: Package description',
    license='TODO: License declaration',
    tests_require=['pytest'],
    entry_points={
        'console_scripts': [
        ],
    },
)
```

无论该功能包的 launch 目录下有多少个 launch 文件，launch 相关配置只需设置一次即可。

（3）编译

终端中进入当前工作空间，编译功能包：

```
colcon build --packages-select py01_launch
```

（4）执行

当前工作空间下，启动终端，输入如下指令：

```
. install/setup.bash
ros2 run py01_launch py00_base.launch.py
```

该指令运行的是 Python 格式的 launch 文件，其他两个 launch 文件与之同理。最终，会启动两个 turtlesim_node 节点。

对于带有启动文件的功能包，最好在功能包的 package.xml 中添加对包 ros2 launch 的执行时依赖：

```
<exec_depend>ros2launch</exec_depend>
```

这有助于确保在构建功能包后 ros2 launch 命令可用。它还确保可以识别不同格式的 launch 文件。

◆ 4.2 launch 之 Python 实现

本节主要介绍 launch 文件的 Python 实现语法。

4.2.1 节点设置

launch 中需要执行的节点被封装为了 launch_ros.actions.Node 对象。

需求：launch 文件中配置节点的相关属性。

示例：在 cpp01_launch/launch/py 目录下新建 py01_node.launch.py 文件，输入如下内容：

```python
from launch import LaunchDescription
from launch_ros.actions import Node
import os
from ament_index_python.packages import get_package_share_directory

def generate_launch_description():

    turtle1 = Node(package="turtlesim",
                executable="turtlesim_node",
                namespace="ns_1",
                name="t1",
                exec_name="turtle_label", #表示流程的标签
                respawn=True)
    turtle2 = Node(package="turtlesim",
                executable="turtlesim_node",
                name="t2",
                #参数设置方式1
                #parameters=[{"background_r": 0,"background_g": 0,"background_b": 0}],
                #参数设置方式2：从 yaml 文件加载参数,yaml 文件所属目录需要在配置文件
                #中安装
parameters=[os.path.join(get_package_share_directory("cpp01_launch"),"config","t2.yaml")],
                )
    turtle3 = Node(package="turtlesim",
                executable="turtlesim_node",
                name="t3",
                remappings=[("/turtle1/cmd_vel","/cmd_vel")] #话题重映射
                )
    rviz = Node(package="rviz2",
                executable="rviz2",
                #节点启动时传参
                arguments=["-d", os.path.join(get_package_share_directory("cpp01_launch"),"config","my.rviz")]
                )

    turtle4 = Node(package="turtlesim",
```

```
                executable="turtlesim_node",
                #节点启动时传参,相当于 arguments 传参时添加前缀 --ros-args
                ros_arguments=["--remap", "__ns:=/t4_ns", "--remap", "__node:=t4"]
                )
    return LaunchDescription([turtle1, turtle2, turtle3, rviz, turtle4])
```

launch 之 Python 实现 _node(下)

代码解释:

1. Node 使用语法 1

```
turtle1 = Node(package="turtlesim",
               executable="turtlesim_node",
               namespace="group_1",
               name="t1",
               exec_name="turtle_label", #表示流程的标签
               respawn=True)
```

上述代码会创建一个 turtlesim_node 节点,设置了若干节点属性,并且节点关闭后会自动重启。

(1) package:功能包。

(2) executable:可执行文件。

(3) namespace:命名空间。

(4) name:节点名称。

(5) exe_name:流程标签。

(6) respawn:设置为 True 时,关闭节点后,可以自动重启。

2. Node 使用语法 2

```
turtle2 = Node(package="turtlesim",
               executable="turtlesim_node",
               name="t2",
          #参数设置方式 1
          #parameters=[{"background_r": 0,"background_g": 0,"background_b": 0}],
          #参数设置方式 2:从 yaml 文件加载参数,yaml 文件所属目录需要在配置文件中安装
parameters= [os.path.join(get_package_share_directory("cpp01_launch"),"config","t2.yaml")],
               )
```

上述代码会创建一个 turtlesim_node 节点,并导入背景色相关的参数。

parameters:导入参数。

parameter 用于设置被导入的参数,如果是从 yaml 文件加载参数,那么需要先准备 yaml 文件,在功能包下新建 config 目录,config 目录下新建 t2.yaml 文件,并输入如下内容:

```
/t2:
  ros__parameters:
```

```
      background_b: 0
      background_g: 0
      background_r: 50
      qos_overrides:
        /parameter_events:
          publisher:
            depth: 1000
            durability: volatile
            history: keep_last
            reliability: reliable
      use_sim_time: false
```

注意，还需要在 CMakeLists.txt 中安装 config：

```
install(DIRECTORY
  launch
  config
  DESTINATION share/${PROJECT_NAME})
```

3. Node 使用语法 3

```
turtle3 = Node(package="turtlesim",
               executable="turtlesim_node",
               name="t3",
               remappings=[("/turtle1/cmd_vel","/cmd_vel")] #话题重映射
               )
```

上述代码会创建一个 turtlesim_node 节点，并将话题名称从 /turtle1/cmd_vel 重映射到 /cmd_vel。

remappings：话题重映射。

4. Node 使用语法 4

```
rviz = Node(package="rviz2",
            executable="rviz2",
            #节点启动时传参
            arguments=["-d", os.path.join(get_package_share_directory("cpp01_launch"),"config","my.rviz")]
            )
```

上述代码会创建一个 rviz2 节点，并加载了 rviz2 相关的配置文件。

该配置文件可以先启动 rviz2，配置完毕后，保存到 config 目录并命名为 my.rviz。

arguments：调用指令时的参数列表。

5. Node 使用语法 5

```
turtle4 = Node(package="turtlesim",
               executable="turtlesim_node",
               #节点启动时传参,相当于 arguments 传参时添加前缀 --ros-args
```

```
                ros_arguments=["--remap", "__ns:=/t4_ns", "--remap", "__node:=t4"]
    )
```

上述代码会创建一个 turtlesim_node 节点,并在指令调用时传入参数列表。

ros_arguments:相当于 arguments 前缀 --ros-args。

4.2.2 Python 实现执行指令

launch 中需要执行的命令被封装为了 launch.actions.ExecuteProcess 对象。

需求:在 launch 文件中执行 ROS2 命令,以简化部分功能的调用。

示例:在 cpp01_launch/launch/py 目录下新建 py02_cmd.launch.py 文件,输入如下内容:

launch 之
Python 实现_
执行指令

```
from launch import LaunchDescription
from launch_ros.actions import Node
from launch.actions import ExecuteProcess
from launch.substitutions import FindExecutable

def generate_launch_description():
    turtle = Node(package="turtlesim", executable="turtlesim_node")
    spawn = ExecuteProcess(
        # cmd=["ros2 service call /spawn turtlesim/srv/Spawn \"{x: 8.0, y: 9.0, theta: 0.0, name: 'turtle2'}\""],
        # 或
        cmd = [
            FindExecutable(name = "ros2"), # 不可以有空格
            " service call",
            " /spawn turtlesim/srv/Spawn",
            " \"{x: 8.0, y: 9.0,theta: 1.0, name: 'turtle2'}\""
        ],
        output="both",
        shell=True)
    return LaunchDescription([turtle,spawn])
```

代码解释:

```
spawn = ExecuteProcess(
    # cmd=["ros2 service call /spawn turtlesim/srv/Spawn \"{x: 8.0, y: 9.0, theta: 0.0, name: 'turtle2'}\""],
    # 或
    cmd = [
        FindExecutable(name = "ros2"), # 不可以有空格
        " service call",
        " /spawn turtlesim/srv/Spawn",
        " \"{x: 8.0, y: 9.0,theta: 1.0, name: 'turtle2'}\""
    ],
    output="both",
    shell=True)
```

上述代码用于执行 cmd 参数中的命令,该命令会在 turtlesim_node 中生成一只新的小

乌龟。

cmd：被执行的命令。

output：设置为 both 时，日志会被输出到日志文件和终端，默认为 log，日志只输出到日志文件。

shell：如果为 True，则以 shell 的方式执行命令。

4.2.3 Python 实现参数设置

launch 之
Python 实现
参数设置

参数设置主要涉及参数的声明与调用两部分，其中声明被封装为 launch.actions.DeclareLaunchArgument，调用则被封装为 launch.substitutions import LaunchConfiguration。

需求：启动 turtlesim_node 节点时，可以动态设置背景色。

示例：在 cpp01_launch/launch/py 目录下新建 py03_args.launch.py 文件，输入如下内容：

```python
from pkg_resources import declare_namespace
from launch import LaunchDescription
from launch_ros.actions import Node
from launch.actions import DeclareLaunchArgument
from launch.substitutions import LaunchConfiguration

def generate_launch_description():

    decl_bg_r = DeclareLaunchArgument(name="background_r",default_value="255")
    decl_bg_g = DeclareLaunchArgument(name="background_g",default_value="255")
    decl_bg_b = DeclareLaunchArgument(name="background_b",default_value="255")

    turtle = Node(package="turtlesim",
            executable="turtlesim_node",
            parameters=[{"background_r": LaunchConfiguration("background_r"),
"background_g": LaunchConfiguration("background_g"), "background_b":
LaunchConfiguration("background_b")}]
            )
    return LaunchDescription([decl_bg_r,decl_bg_g,decl_bg_b,turtle])
```

代码解释：

```python
decl_bg_r = DeclareLaunchArgument(name="background_r",default_value="255")
decl_bg_g = DeclareLaunchArgument(name="background_g",default_value="255")
decl_bg_b = DeclareLaunchArgument(name="background_b",default_value="255")
```

上述代码会使用 DeclareLaunchArgument 对象声明三个参数，且每个参数都有参数名称以及默认值。

name：参数名称。

default_value：默认值。

```python
parameters=[{"background_r": LaunchConfiguration(variable_name="background_r"), "background_g": LaunchConfiguration("background_g"), "background_b":
LaunchConfiguration("background_b")}]
```

上述代码会使用 LaunchConfiguration 对象获取参数值。

variable_name：被解析的参数名称。

launch 文件执行时，可以动态传入参数，示例如下：

```
ros2 launch cpp01_launch py03_args.launch.py background_r:=200 background_g:=80 background_b:=30
```

如果执行 launch 文件时不手动传入参数，那么解析到的参数值是声明时设置的默认值。

4.2.4　Python 实现文件包含

在 launch 文件中可以包含其他 launch 文件，需要使用的 API 为 launch.actions.IncludeLaunchDescription 和 launch.launch_description_sources.PythonLaunchDescriptionSource。

需求：新建 launch 文件，包含 4.2.3 节中的 launch 文件并为之传入设置背景色相关的参数。

示例：在 cpp01_launch/launch/py 目录下新建 py04_include.launch.py 文件，输入如下内容：

```python
from launch import LaunchDescription
from launch.actions import IncludeLaunchDescription
from launch.launch_description_sources import PythonLaunchDescriptionSource

import os
from ament_index_python import get_package_share_directory

def generate_launch_description():

    include_launch = IncludeLaunchDescription(
        launch_description_source= PythonLaunchDescriptionSource(
            launch_file_path=os.path.join(
                get_package_share_directory("cpp01_launch"),
                "launch/py",
                "py03_args.launch.py"
            )
        ),
        launch_arguments={
            "background_r": "200",
            "background_g": "100",
            "background_b": "70",
        }.items()
    )

    return LaunchDescription([include_launch])
```

代码解释：

```
include_launch = IncludeLaunchDescription(
```

```
            launch_description_source= PythonLaunchDescriptionSource(
                launch_file_path=os.path.join(
                    get_package_share_directory("cpp01_launch"),
                    "launch/py",
                    "py03_args.launch.py"
                )
            ),
            launch_arguments={
                "background_r": "200",
                "background_g": "100",
                "background_b": "70",
            }.items()
        )
```

上述代码将包含一个 launch 文件并为 launch 文件传参。

在 IncludeLaunchDescription 对象中：

launch_description_source：用于设置被包含的 launch 文件。

launch_arguments：元组列表，每个元组中都包含参数的键和值。

在 PythonLaunchDescriptionSource 对象中：

launch_file_path：被包含的 launch 文件路径。

4.2.5 Python 实现分组设置

在 launch 文件中，为了方便管理可以对节点分组，分组相关 API 为 launch.actions.GroupAction 和 launch_ros.actions.PushRosNamespace。

需求：对 launch 文件中的多个 Node 进行分组。

示例：在 cpp01_launch/launch/py 目录下新建 py05_group.launch.py 文件，输入如下内容：

```python
from launch import LaunchDescription
from launch_ros.actions import Node
from launch_ros.actions import PushRosNamespace
from launch.actions import GroupAction

def generate_launch_description():
    turtle1 = Node(package="turtlesim",executable="turtlesim_node",name="t1")
    turtle2 = Node(package="turtlesim",executable="turtlesim_node",name="t2")
    turtle3 = Node(package="turtlesim",executable="turtlesim_node",name="t3")
    g1 = GroupAction(actions=[PushRosNamespace(namespace="g1"),turtle1, turtle2])
    g2 = GroupAction(actions=[PushRosNamespace(namespace="g2"),turtle3])
    return LaunchDescription([g1,g2])
```

代码解释：

```
g1 = GroupAction(actions=[PushRosNamespace(namespace="g1"),turtle1, turtle2])
g2 = GroupAction(actions=[PushRosNamespace(namespace="g2"),turtle3])
```

上述代码将创建两个组,两个组使用了不同的命名空间,每个组下包含了不同的节点。

在 GroupAction 对象中,使用的参数为:

actions:action 列表,比如被包含到组内的命名空间、节点等。

在 PushRosNamespace 对象中,使用的参数为:

namespace:当前组使用的命名空间。

4.2.6 添加事件

节点在运行过程中会触发不同的事件,当事件触发时可以为之注册一定的处理逻辑。事件使用相关的 API 为 launch.actions.RegisterEventHandler、launch.event_handlers.OnProcessStart、launch.event_handlers.OnProcessExit。

需求:为 turtlesim_node 节点添加事件,事件 1:节点启动时调用 spawn 服务生成新乌龟。事件 2:节点关闭时,输出日志信息。

示例:在 cpp01_launch/launch/py 目录下新建 py06_event.launch.py 文件,输入如下内容:

```python
from launch import LaunchDescription
from launch_ros.actions import Node
from launch.actions import ExecuteProcess, RegisterEventHandler,LogInfo
from launch.substitutions import FindExecutable
from launch.event_handlers import OnProcessStart, OnProcessExit
def generate_launch_description():
    turtle = Node(package="turtlesim", executable="turtlesim_node")
    spawn = ExecuteProcess(
        cmd = [
            FindExecutable(name = "ros2"), #不可以有空格
            " service call",
            " /spawn turtlesim/srv/Spawn",
            " \"{x: 8.0, y: 1.0,theta: 1.0, name: 'turtle2'}\""
        ],
        output="both",
        shell=True)

    start_event = RegisterEventHandler(
        event_handler=OnProcessStart(
            target_action = turtle,
            on_start = spawn
        )
    )
    exit_event = RegisterEventHandler(
        event_handler=OnProcessExit(
            target_action = turtle,
            on_exit = [LogInfo(msg = "turtlesim_node 退出!")]
        )
    )

    return LaunchDescription([turtle,start_event,exit_event])
```

代码解释：

```
start_event = RegisterEventHandler(
    event_handler=OnProcessStart(
        target_action = turtle,
        on_start = spawn
    )
)
exit_event = RegisterEventHandler(
    event_handler=OnProcessExit(
        target_action = turtle,
        on_exit = [LogInfo(msg = "turtlesim_node退出！")]
    )
)
```

上述代码为 turtle 节点注册启动事件和退出事件，当 turtle 节点启动后会执行 spwn 节点，当 turtle 节点退出时，会输出日志文本："turtlesim_node 退出！"。

对象 RegisterEventHandler 负责注册事件，其参数为：

event_handler：注册的事件对象。

OnProcessStart 是启动事件对象，其参数为：

target_action：被注册事件的目标对象。

on_start：事件触发时的执行逻辑。

OnProcessExit 是退出事件对象，其参数为：

target_action：被注册事件的目标对象。

on_exit：事件触发时的执行逻辑。

LogInfo 是日志输出对象，其参数为：

msg：被输出的日志信息。

◆ 4.3 launch 之 XML、YAML 实现

本节主要介绍 launch 文件的 XML 与 YAML 实现语法。XML 与 YAML 实现语法雷同，所以本节会将二者集合在一起介绍。

4.3.1 案例需求及分析

需求：launch 文件中配置节点的相关属性。

示例：在 cpp01_launch/launch/xml 目录下新建 xml01_node.launch.xml 文件，输入如下内容：

```xml
<launch>
    <node pkg="turtlesim" exec="turtlesim_node" name="t1" namespace="t1_ns" exec_name="t1_label" respawn="true"/>
    <node pkg="turtlesim" exec="turtlesim_node" name="t2">
        <!-- <param name="background_r" value="255" />
        <param name="background_g" value="255" />
```

```xml
            <param name="background_b" value="255" /> -->
        <param from="$(find-pkg-share cpp01_launch)/config/t2.yaml" />
    </node>
    <node pkg="turtlesim" exec="turtlesim_node" name="t3">
        <remap from="/turtle1/cmd_vel" to="/cmd_vel" />
    </node>
    <node pkg="turtlesim" exec="turtlesim_node" ros_args="--remap __name:=t4 --remap __ns:=/group_2" />
    <node pkg="rviz2" exec="rviz2" args="-d $(find-pkg-share cpp01_launch)/config/my.rviz" />

</launch>
```

在 cpp01_launch/launch/yaml 目录下新建 yaml01_node.launch.yaml 文件，输入如下内容：

```yaml
launch:
- node:
    pkg: "turtlesim"
    exec: "turtlesim_node"
    name: "t1"
    namespace: "t1_ns"
    exec_name: "t1_label"
    respawn: "false"
- node:
    pkg: "turtlesim"
    exec: "turtlesim_node"
    name: "t2"
    param:
    #-
    #   name: "background_r"
    #   value: 255
    #-
    #   name: "background_b"
    #   value: 255
    -
      from: "$(find-pkg-share cpp01_launch)/config/t2.yaml"
- node:
    pkg: "turtlesim"
    exec: "turtlesim_node"
    remap:
    -
      from: "/turtle1/cmd_vel"
      to: "/cmd_vel"

- node:
    pkg: "turtlesim"
    exec: "turtlesim_node"
    ros_args: "--ros-args --remap __name:=t4 --remap __ns:=/t4"
```

```
- node:
    pkg: "rviz2"
    exec: "rviz2"
    args: "-d $(find-pkg-share cpp01_launch)/config/my.rviz"
```

代码解释：

在 XML 实现中 node 标签用于表示节点，其属性包含：

pkg：功能包。

exec：可执行文件。

name：节点名称。

namespace：命名空间。

exec_name：流程标签。

respawn：节点关闭后是否重启。

args：调用指令时的参数列表。

ros_args：相当于 args 前缀 --ros-args。

node 标签的子级标签包含：

param：设置参数的标签，其属性包含：

- name：参数名称。
- value：参数值。
- from：参数文件路径。

remap：话题重映射标签，其属性包含：

- from：原话题名称。
- to：新话题名称。

YAML 实现规则与之类似。

4.3.2 XML、YAML 实现执行指令

需求：在 launch 文件中执行 ROS2 命令，以简化部分功能的调用。

示例：在 cpp01_launch/launch/xml 目录下新建 xml02_cmd.launch.xml 文件，输入如下内容：

launch 之
xml、yaml_
执行指令

```xml
<launch>
    <node pkg="turtlesim" exec="turtlesim_node" />
    <executable cmd="ros2 run turtlesim turtlesim_node" output="both" />
</launch>
```

在 cpp01_launch/launch/yaml 目录下新建 yaml02_cmd.launch.yaml 文件，输入如下内容：

```
launch:
- executable:
    cmd: "ros2 run turtlesim turtlesim_node"
    output: "both"
```

代码解释：

在 XML 实现中 executable 标签用于表示可执行指令，其属性包含：
cmd：被执行的命令。
output：日志输出目的地设置。
YAML 实现规则与之类似。

4.3.3　XML、YAML 实现参数设置

需求：启动 turtlesim_node 节点时，可以动态设置背景色。
示例：在 cpp01_launch/launch/xml 目录下新建 xml03_args.launch.xml 文件，输入如下内容：

```xml
<launch>
    <arg name="bg_r" default="255"/>
    <arg name="bg_g" default="255"/>
    <arg name="bg_b" default="255"/>
    <node pkg="turtlesim" exec="turtlesim_node">
        <param name="background_r" value="$(var bg_r)" />
        <param name="background_g" value="$(var bg_g)" />
        <param name="background_b" value="$(var bg_b)" />
    </node>

</launch>
```

在 cpp01_launch/launch/yaml 目录下新建 yaml03_args.launch.yaml 文件，输入如下内容：

```yaml
launch:
- arg:
    name: "bgr"
    default: "255"
- node:
    pkg: "turtlesim"
    exec: "turtlesim_node"
    param:
    -
      name: "background_r"
      value: $(var bgr)
```

代码解释：

在 XML 实现中，arg 标签用于声明参数，其属性包含：
name：参数名称。
default：参数默认值。
参数的调用语法为：
$(var 参数名称)。
可以在启动 launch 文件时动态传入参数，其语法与 Python 格式实现的 launch 文件

一致。

YAML 实现规则与之类似。

4.3.4 XML、YAML 实现文件包含

launch 之 xml、yaml_ 文件包含

需求：新建 launch 文件，包含 4.2.3 节中的 launch 文件并为之传入设置背景色相关的参数。

示例：在 cpp01_launch/launch/xml 目录下新建 xml04_include.launch.xml 文件，输入如下内容：

```xml
<launch>
    <let name="bg_r" value="0" />
    <include file="$(find-pkg-share cpp01_launch)/launch/xml/xml03_args.launch.xml"/>

</launch>
```

在 cpp01_launch/launch/yaml 目录下新建 yaml04_include.launch.yaml 文件，输入如下内容：

```yaml
launch:
- let:
    name: "bgr"
    value: "255"
- include:
    file: "$(find-pkg-share cpp01_launch)/launch/yaml/yaml03_arg.launch.yaml"
```

代码解释：

在 XML 实现中，include 标签用于实现文件包含，其属性如下：

file：被包含的 launch 文件的路径。

let 标签用于向被包含的 launch 文件中导入参数，其属性如下：

name：参数名称。

value：参数值。

YAML 实现规则与之类似。

4.3.5 XML、YAML 实现分组设置

launch 之 xml、yaml_ 分组设置

需求：对 launch 文件中的多个 Node 进行分组。

示例：在 cpp01_launch/launch/xml 目录下新建 xml05_group.launch.xml 文件，输入如下内容：

```xml
<launch>

    <group>
        <push_ros_namespace namespace="g1" />
        <node pkg="turtlesim" exec="turtlesim_node" name="t1"/>
```

```
            <node pkg="turtlesim" exec="turtlesim_node" name="t2"/>
        </group>
        <group>
            <push_ros_namespace namespace="g2" />
            <node pkg="turtlesim" exec="turtlesim_node" name="t3"/>
        </group>

</launch>
```

在 cpp01_launch/launch/yaml 目录下新建 yaml05_group.launch.yaml 文件,输入如下内容:

```
launch:
- group:
  - push_ros_namespace:
      namespace: "g1"
  - node:
      pkg: "turtlesim"
      exec: "turtlesim_node"
      name: "t1"
  - node:
      pkg: "turtlesim"
      exec: "turtlesim_node"
      name: "t2"
- group:
  - push_ros_namespace:
      namespace: "g2"
  - node:
      pkg: "turtlesim"
      exec: "turtlesim_node"
      name: "t3"
```

代码解释:

在 XML 实现中,group 标签用于分组,其子标签如下:

push_ros_namespace:可以通过该标签中的 namespace 属性设置组内节点使用的命名空间。

node:节点标签。

YAML 实现规则与之类似。

◆ 4.4 录制回放工具——rosbag2

launch 之小结

rosbag2_ 场景、概念 与作用

1. 录制回放工具 rosbag2 的适用场景

机器人传感器获取到的信息,有时我们可能需要时时处理,有时可能只是采集数据,事后分析,例如,机器人导航实现中,可能需要绘制导航所需的全局地图,地图绘制实现,有两种方式:方式1,可以控制机器人运动,将机器人传感器感知到的数据时时处理,生成地图信息;方式2,控制机器人运动,将机器人传感器感知到的数据留存,事后重新读取数据,生成地图信息。两种方式比较，显然方式 2 更为灵活方便。

在 ROS2 中对数据的留存以及读取实现提供了专门的工具：rosbag2。

2. 录制回放工具 rosbag2 的概念

rosbag2 是用于录制和回放话题的一个工具集。

3. 录制回放工具 rosbag2 的作用

rosbag2 实现了数据的复用，方便调试、测试。

4. 录制回放工具 rosbag2 的案例

录制并读取数据。

实现步骤：

(1) 序列化；

(2) 反序列化；

(3) 编译执行。

终端下进入工作空间的 src 目录，调用如下两条命令分别创建 C++ 功能包和 Python 功能包。

```
ros2 pkg create cpp02_rosbag --build-type ament_cmake --dependencies rclcpp rosbag2_cpp geometry_msgs
ros2 pkg create py02_rosbag --build-type ament_python --dependencies rclpy rosbag2_py geometry_msgs
```

4.4.1 rosbag2 命令工具

rosbag2_命令工具 rosbag2

在 ROS2 中提供了 rosbag2 命令工具，可以方便地实现数据的录制回放等操作，rosbag2 的基本使用语法如下：

```
convert   给定一个 bag 文件，写出一个新的具有不同配置的 bag 文件。
info      输出 bag 文件的相关信息。
list      输出可用的插件信息。
play      回放 bag 文件数据。
record    录制 bag 文件数据。
reindex   重建 bag 的元数据文件。
```

4.4.2 rosbag2 编程（C++）

1. rosbag2 编程（C++）序列化

在功能包 cpp02_rosbag 的 src 目录下，新建 C++ 文件 demo01_writer.cpp，并编辑文件，输入如下内容：

```
/*
    需求：录制 turtle_teleop_key 节点发布的速度指令。
    步骤：
        1.包含头文件
        2.初始化 ROS 客户端
        3.定义节点类
```

```
    3-1.创建写出对象指针
    3-2.设置写出的目标文件
    3-3.写出消息
  4.调用 spin 函数,并传入对象指针
  5.释放资源

*/
//1.包含头文件
#include "rclcpp/rclcpp.hpp"
#include "rosbag2_cpp/writer.hpp"
#include "geometry_msgs/msg/twist.hpp"

using std::placeholders::_1;

//3.定义节点类
class SimpleBagRecorder : public rclcpp::Node
{
public:
  SimpleBagRecorder()
  : Node("simple_bag_recorder")
  {
    //3-1.创建写出对象指针
    writer_ = std::make_unique<rosbag2_cpp::Writer>();
    //3-2.设置写出的目标文件
    writer_->open("my_bag");
    subscription_ = create_subscription<geometry_msgs::msg::Twist>(
      "/turtle1/cmd_vel", 10, std::bind(&SimpleBagRecorder::topic_callback, this, _1));
  }

private:
  void topic_callback(std::shared_ptr<rclcpp::SerializedMessage> msg) const
  {
    rclcpp::Time time_stamp = this->now();
    //3-3.写出消息
    writer_->write(msg, "/turtle1/cmd_vel", "geometry_msgs/msg/Twist", time_stamp);
  }

  rclcpp::Subscription<geometry_msgs::msg::Twist>::SharedPtr subscription_;
  std::unique_ptr<rosbag2_cpp::Writer> writer_;
};

int main(int argc, char * argv[])
{
  //2.初始化 ROS 客户端
  rclcpp::init(argc, argv);
  //4.调用 spin 函数,并传入对象指针
  rclcpp::spin(std::make_shared<SimpleBagRecorder>());
  //5.释放资源
```

rosbag2_
编码实现
(C++)_02
框架搭建

rosbag2_
编码实现
(C++)_03
录制数据

```
    rclcpp::shutdown();
    return 0;
}
```

2. rosbag2 编程（C++）反序列化

在功能包 cpp02_rosbag 的 src 目录下，新建 C++ 文件 demo02_reader.cpp，并编辑文件，输入如下内容：

rosbag2_
编码实现
（C++）_04
读取数据

```
/*
    需求:读取 bag 文件数据。
    步骤:
        1.包含头文件
        2.初始化 ROS2 客户端
        3.定义节点类
            3-1.创建读取对象指针
            3-2.设置读取的目标文件
            3-3.读消息
            3-4.关闭文件
        4.调用 spin 函数,并传入对象指针
        5.释放资源

*/
//1.包含头文件
#include "rclcpp/rclcpp.hpp"
#include "rosbag2_cpp/reader.hpp"
#include "geometry_msgs/msg/twist.hpp"
//3.定义节点类
class SimpleBagPlayer: public rclcpp::Node {
public:
    SimpleBagPlayer():Node("simple_bag_player"){
        //3-1.创建读取对象指针
        reader_ = std::make_unique<rosbag2_cpp::Reader>();
        //3-2.设置读取的目标文件
        reader_->open("my_bag");
        //3-3.读消息
        while (reader_->has_next())
        {
            geometry_msgs::msg::Twist twist = reader_->read_next<geometry_msgs::msg::Twist>();
            RCLCPP_INFO(this->get_logger(),"%.2f ---- %.2f",twist.linear.x, twist.angular.z);
        }


        //3-4.关闭文件
        reader_->close();
    }
private:
    std::unique_ptr<rosbag2_cpp::Reader> reader_;
```

```cpp
};

int main(int argc, char const * argv[])
{
    //2.初始化 ROS2 客户端
    rclcpp::init(argc,argv);
    //4.调用 spin 函数,并传入对象指针
    rclcpp::spin(std::make_shared<SimpleBagPlayer>());
    //5.释放资源
    rclcpp::shutdown();
    return 0;
}
```

3. 编辑 rosbag2 编程(C++)配置文件

(1) 编辑 package.xml

在创建功能包时,所依赖的功能包已经自动配置了,配置内容如下:

```xml
<depend>rclcpp</depend>
<depend>rosbag2_cpp</depend>
<depend>geometry_msgs</depend>
```

(2) CMakeLists.txt

CMakeLists.txt 中的相关配置如下:

```cmake
add_executable(demo01_writer src/demo01_writer.cpp)
ament_target_dependencies(
  demo01_writer
  "rclcpp"
  "rosbag2_cpp"
  "geometry_msgs"
)

add_executable(demo02_reader src/demo02_reader.cpp)
ament_target_dependencies(
  demo02_reader
  "rclcpp"
  "rosbag2_cpp"
  "geometry_msgs"
)

install(TARGETS
  demo01_writer
  demo02_reader
  DESTINATION lib/${PROJECT_NAME})
```

4. 编译

终端中进入当前工作空间,编译功能包:

```
colcon build --packages-select cpp02_rosbag
```

5. 执行

当前工作空间下，启动两个终端，终端 1 执行录制程序，终端 2 执行回放程序。

终端 1 输入如下指令：

```
. install/setup.bash
ros2 run cpp02_rosbag demo01_writer
```

执行完毕后，会在当前工作空间下生成一个名为 my_bag 的目录。

终端 2 输入如下指令：

```
. install/setup.bash
ros2 run cpp02_rosbag demo02_reader
```

该程序运行会读取 my_bag 中记录的数据，其结果是在终端打印录制的速度指令最终的线速度和角速度。

rosbag2_Python 实现说明

4.4.3 rosbag2 编程（Python）

1. rosbag2 编程（Python）序列化

在功能包 py02_rosbag 的 py02_rosbag 目录下，新建 Python 文件 demo01_writer_py.py，并编辑文件，输入如下内容：

```python
"""
    需求:录制 turtle_teleop_key 节点发布的速度指令。
    步骤：
        1.导包
        2.初始化 ROS2 客户端
        3.定义节点类
            3-1.创建写出对象
            3-2.设置写出的目标文件、话题等参数
            3-3.写出消息
        4.调用 spin 函数，并传入对象指针
        5.释放资源

"""
#1.导包
import rclpy
from rclpy.node import Node
from rclpy.serialization import serialize_message
from geometry_msgs.msg import Twist
import rosbag2_py
#3.定义节点类
class SimpleBagRecorder(Node):
    def __init__(self):
        super().__init__('simple_bag_recorder_py')
        #3-1.创建写出对象
```

```python
        self.writer = rosbag2_py.SequentialWriter()
        # 3-2.设置写出的目标文件、话题等参数
        storage_options = rosbag2_py._storage.StorageOptions(
            uri='my_bag_py',
            storage_id='sqlite3')
        converter_options = rosbag2_py._storage.ConverterOptions('', '')
        self.writer.open(storage_options, converter_options)

        topic_info = rosbag2_py._storage.TopicMetadata(
            name='/turtle1/cmd_vel',
            type='geometry_msgs/msg/Twist',
            serialization_format='cdr')
        self.writer.create_topic(topic_info)

        self.subscription = self.create_subscription(
            Twist,
            '/turtle1/cmd_vel',
            self.topic_callback,
            10)
        self.subscription

    def topic_callback(self, msg):
        # 3-3.写出消息
        self.writer.write(
            '/turtle1/cmd_vel',
            serialize_message(msg),
            self.get_clock().now().nanoseconds)


def main(args=None):
    # 2.初始化 ROS2 客户端
    rclpy.init(args=args)
    # 4.调用 spin 函数,并传入对象指针
    sbr = SimpleBagRecorder()
    rclpy.spin(sbr)
    # 5.释放资源
    rclpy.shutdown()


if __name__ == '__main__':
    main()
```

2. rosbag2 编程(Python)反序列化

在功能包 py02_rosbag 的 py02_rosbag 目录下,新建 Python 文件 demo02_reader_py.py,并编辑文件,输入如下内容:

```
"""
    需求:读取 bag 文件数据。
    步骤:
```

```
"""
1.导包
2.初始化 ROS2 客户端
3.定义节点类
    3-1.创建读取对象
    3-2.设置读取的目标文件、话题等参数
    3-3.读消息
    3-4.关闭文件
4.调用 spin 函数,并传入对象指针
5.释放资源

"""
#1.导包
import rclpy
from rclpy.node import Node
import rosbag2_py
from rclpy.logging import get_logger
#3.定义节点类
class SimpleBagPlayer(Node):
    def __init__(self):
        super().__init__('simple_bag_player_py')
        #3-1.创建读取对象
        self.reader = rosbag2_py.SequentialReader()
        #3-2.设置读取的目标文件、话题等参数
        storage_options = rosbag2_py._storage.StorageOptions(
            uri="my_bag_py",
            storage_id='sqlite3')
        converter_options = rosbag2_py._storage.ConverterOptions('', '')
        self.reader.open(storage_options, converter_options)

    def read(self):
        #3-3.读消息
        while self.reader.has_next():
            msg = self.reader.read_next()
            get_logger("rclpy").info("topic = %s, time = %d, value=%s" % (msg[0], msg[2], msg[1]))

def main(args=None):
    #2.初始化 ROS2 客户端
    rclpy.init(args=args)

    #4.调用 spin 函数,并传入对象指针
    reader = SimpleBagPlayer()
    reader.read()
    rclpy.spin(reader)
    #5.释放资源
    rclpy.shutdown()

if __name__ == '__main__':
    main()
```

3. 编辑 rosbag2 编程(Python)配置文件

（1）编辑 package.xml

在创建功能包时，所依赖的功能包已经自动配置了，配置内容如下：

```
<depend>rclpy</depend>
<depend>rosbag2_py</depend>
<depend>geometry_msgs</depend>
```

（2）编辑 setup.py

在 entry_points 字段的 console_scripts 中添加如下内容：

```
entry_points={
    'console_scripts': [
        'demo01_writer_py = py02_rosbag.demo01_writer_py:main',
        'demo02_reader_py = py02_rosbag.demo02_reader_py:main'
    ],
},
```

4. 编译

终端中进入当前工作空间，编译功能包：

```
colcon build --packages-select py02_rosbag
```

5. 执行

当前工作空间下，启动两个终端，终端1执行录制程序，终端2执行回放程序。

终端1输入如下指令：

```
. install/setup.bash
ros2 run py02_rosbag demo01_writer_py
```

执行完毕后，会在当前工作空间下生成一个名为 my_bag_py 的目录。

终端2输入如下指令：

```
. install/setup.bash
ros2 run py02_rosbag demo02_reader_py
```

该程序运行会读取 my_bag 中记录的数据，其结果是在终端打印录制的速度指令的话题、时间戳与其内容（二进制格式）。

4.5 本章小结

本章主要介绍了 ROS2 中两个重要的工具：
- launch 文件；
- rosbag2。

launch 文件可以简化 ROS2 系统中节点的启动，尤其是在大型项目中，涉及的节点众

launch 与 rosbag2_ 总结

多时，launch 文件尤其有效。官方提供了 Python、XML 和 YAML 三种 launch 文件的编写格式。就功能而言，XML 与 YAML 格式的 launch 文件功能类似，Python 格式的 launch 文件得益于 Python 的可编程性可以实现更丰富、更灵活的功能；就编写效率而言，XML 和 YAML 格式的 launch 文件则由于其编码较为简洁有着更高的编写效率。至于选用何种格式，建议读者根据实际的应用场景灵活选择。

  rosbag2 也是一个比较常用的工具，可以实现数据的录制与回放，也即通过 rosbag2 可以将数据序列化到磁盘持久存储，反之也可以从磁盘读取数据，从而可以做到数据的复用，录制和回放数据过程中，还可以对数据进行处理，例如自定义数据、筛选数据等。总之，rosbag2 在程序的开发和测试中都有着广泛的应用。

第 5 章 ROS2 工具之坐标变换

本章导论

在机器人系统中,会经常性地使用"相对位置关系"这一概念,例如机器人自身不同部件的相对位置关系,机器人与出发点的相对位置关系,传感器与障碍物的相对位置关系,机器人组队中不同机器人之间的相对位置关系等。毋庸置疑,相对位置关系在机器人系统中有着重要的意义,那么在 ROS2 中如何表述、使用相对位置关系呢?本章将会给出答案。

ROS2 工具之坐标变换_引言

◆ 5.1 坐标变换简介

机器人系统上,有多个传感器,如激光雷达、摄像头等,有的传感器是可以感知机器人周边的物体方位(以坐标的方式表示物体与传感器的横向距离、纵向距离、垂直高度等信息)的,以协助机器人定位障碍物,我们可以直接将物体相对该传感器的方位信息等价于物体相对于机器人系统或机器人其他组件的方位信息吗?显然是不行的,这中间需要一个转换过程。

1. 坐标变换的适用场景

场景 1:现有一移动式机器人底盘,在底盘上安装了一个雷达,雷达相对于底盘的偏移量已知,现雷达检测到一障碍物信息,获取到坐标分别为(x,y,z),该坐标是以雷达为参考系的,如何将这个坐标转换成以小车为参考系的坐标呢?在此大背景下,便诞生了 ROS。ROS 是一套机器人通用软件框架,可以提升功能模块的复用性,并且随着 ROS2 的推出,ROS 日臻完善,是机器人软件开发的不二之选,如图 5-1 所示为 tf 坐标。

坐标变换_简介 01_场景

场景 2:现有一带机械臂的机器人(比如 PR2)需要夹取目标物,当前机器人头部摄像头可以探测到目标物的坐标(x,y,z),不过该坐标是以摄像头为参考系的,而实际操作目标物的是机械臂的夹具,当前我们需要将该坐标转换成相对于机械臂夹具的坐标,这个过程如何实现?如图 5-2 的 PR2 机械臂所示。

当然,根据我们学习的知识,在明确了不同坐标系之间的相对关系时,就可以实现任何坐标点在不同坐标系之间的转换,但是该计算实现是较为常用的,且算法也有点复杂,因此在 ROS 中直接封装了相关的模块:坐标变换(tf)。

2. 坐标变换的概念

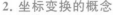

TF(TransForm Frame)是指坐标变换,它允许用户随时间跟踪多个坐标系。

坐标变换_简介 02_概念与作用

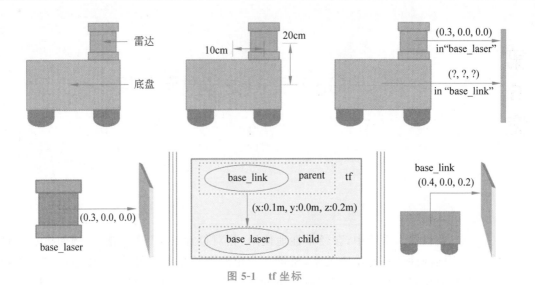

图 5-1 tf 坐标

它在时间缓冲的树结构中维护坐标帧之间的关系,并让用户在任何所需的时间点在任意两个坐标帧之间变换点、向量等。在 ROS 中已经提供了同名的库实现,并且随着 ROS 的迭代,该库升级为了 tf2,也即第二代坐标变换库。本阶段课程主要内容也是以 tf2 为主。

完整的坐标变换实现由坐标变换广播方和坐标变换监听方两部分组成。每个坐标变换广播方一般会发布一组坐标系相对关系,而坐标变换监听方则会将多组坐标系相对关系融合为一棵坐标树(该坐标树有且仅有一个根坐标系),并可以实现任意坐标系之间或坐标点与坐标系的变换。

另外需要说明的是,ROS 中的坐标变换是基于右手坐标系的。右手坐标系的具体规则如图 5-3 所示:将右手处于坐标系原点,大拇指、食指与中指互成直角,食指指向的是 x 轴正方向,中指指向的是 y 轴正方向,大拇指指向的是 z 轴正方向。

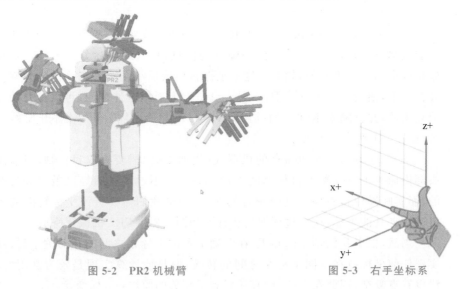

图 5-2 PR2 机械臂　　　　图 5-3 右手坐标系

3. 坐标变换的作用

在 ROS 中用于实现不同坐标系之间的点或向量的转换。

关于坐标变换的实现有一个经典的"乌龟跟随"案例,在学习坐标变换的具体知识点之前,建议读者先安装并运行此案例。

(1)"乌龟跟随"案例的安装

首先安装"乌龟跟随"案例的功能包以及依赖项。

- 安装方式 1(二进制方式安装):

```
sudo apt-get install ros-humble-turtle-tf2-py ros-humble-tf2-tools ros-humble-tf-transformations
```

坐标变换_案例安装以及运行

- 安装方式 2(克隆源码并构建):

```
git clone https://github.com/ros/geometry_tutorials.git -b ros2
```

此外,还需要安装一个名为 transforms3d 的 Python 包,它为 tf_transformations 包提供四元数和欧拉角变换功能,安装命令如下:

```
sudo apt intall python3-pip
pip3 install transforms3d
```

(2)"乌龟跟随"案例的执行

启动两个终端,终端 1 输入如下命令:

```
ros2 launch turtle_tf2_py turtle_tf2_demo.launch.py
```

该命令会启动 turtlesim_node 节点,turtlesim_node 节点中自带一只小乌龟 turtle1,除此之外还会新生成一只乌龟 turtle2,turtle2 会运行至 turtle1 的位置。

终端 2 输入如下命令:

```
ros2 run turtlesim turtle_teleop_key
```

该终端下可以通过键盘控制 turtle1 运动,并且 turtle2 会跟随 turtle1 运动。

5.2 坐标相关消息

坐标变换相关消息

坐标变换的实现其本质是基于话题通信的发布订阅模型,发布方可以发布坐标系之间的相对关系,订阅方则可以监听这些消息,并实现不同坐标系之间的变换。根据之前的介绍,在话题通信中,接口消息作为数据载体在整个通信模型中是比较重要的一部分,本节将会介绍坐标变换中常用的两种接口消息:geometry_msgs/msg/TransformStamped 和 geometry_msgs/msg/PointStamped。

前者用于描述某一时刻两个坐标系之间相对关系的接口,后者用于描述某一时刻坐标系内某个坐标点的位置的接口。在坐标变换中,会经常性地使用到坐标系相对关系以及坐标点信息。

1. 接口消息 geometry_msgs/msg/TransformStamped

通过如下命令查看接口定义:

```
ros2 interface show geometry_msgs/msg/TransformStamped
```

接口定义解释如下：

```
std_msgs/Header header
    builtin_interfaces/Time stamp           #时间戳
        int32 sec
        uint32 nanosec
    string frame_id                          #父级坐标系

string child_frame_id                        #子级坐标系

Transform transform                          #子级坐标系相对于父级坐标系的位姿
    Vector3 translation                      #三维偏移量
        float64 x
        float64 y
        float64 z
    Quaternion rotation                      #四元数
        float64 x 0
        float64 y 0
        float64 z 0
        float64 w 1
```

四元数类似于欧拉角用于表示坐标系的相对姿态。

2. 接口消息 geometry_msgs/msg/PointStamped

通过如下命令查看接口定义：

```
ros2 interface show geometry_msgs/msg/PointStamped
```

接口定义解释如下：

```
std_msgs/Header header
    builtin_interfaces/Time stamp           #时间戳
        int32 sec
        uint32 nanosec
    string frame_id                          #参考系
Point point                                  #三维坐标
    float64 x
    float64 y
    float64 z
```

◆ 5.3　坐标变换广播

坐标变换
广播_引言

坐标系相对关系主要有两种：静态坐标系相对关系与动态坐标系相对关系。

所谓静态坐标系相对关系是指两个坐标系之间的相对位置是固定不变的，例如，车辆上的雷达、摄像头等组件一般是固定式的，那么雷达坐标系相对于车辆底盘坐标系或摄像头坐标系相对于车辆底盘坐标系就是一种静态关系。

所谓动态坐标系相对关系是指两个坐标系之间的相对位置关系是动态改变的,例如,车辆上机械臂的关节或夹爪、多车编队中不同车辆等都是可以运动的,那么机械臂的关节或夹爪坐标系相对车辆底盘坐标系或不同车辆坐标系的相对关系就是一种动态关系。

本节主要介绍如何实现静态坐标变换广播与动态坐标变换广播。另外,本节还将演示如何发布坐标点消息。

5.3.1 坐标系广播案例及分析

1. 坐标系广播案例需求

坐标变换广播案例以及分析

案例 1:现有一无人车,在无人车底盘上装有固定式的雷达与摄像头,已知车辆底盘、雷达与摄像头各对应一坐标系,如图 5-4 所示,各坐标系的原点取其几何中心。现又已知雷达坐标系相对于底盘坐标系的三维平移量分别为:x 方向 0.4 米,y 方向 0 米,z 方向 0.2 米,无旋转。摄像头坐标系相对于底盘坐标系的三维平移量分别为:x 方向 −0.5 米,y 方向 0 米,z 方向 0.4 米,无旋转。请广播雷达与底盘的坐标系相对关系,摄像头与底盘的坐标系相对关系,并在 rviz2 中查看广播的结果。

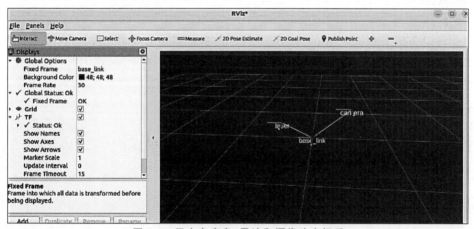

图 5-4　无人车底盘、雷达和摄像头坐标系

案例 2:启动 turtlesim_node,设该节点中窗体有一个世界坐标系(左下角为坐标系原点),乌龟是另一个坐标系,乌龟可以通过键盘控制运动,请动态发布乌龟坐标系与世界坐标系的相对关系,如图 5-5 所示。

2. 坐标系广播案例分析

在上述案例中,案例 1 需要使用静态坐标变换,案例 2 则需要使用动态坐标变换,无论何种实现关注的要素都有以下两个:

(1) 如何广播坐标系相对关系。

(2) 如何使用 rviz2 显示坐标系相对关系。

3. 坐标系广播流程简介

与编码实现静态或动态坐标变换的流程类似,主要步骤如下:

(1) 编写广播实现。

(2) 编辑配置文件。

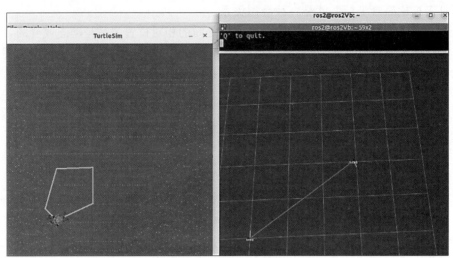

图 5-5　乌龟坐标系与世界坐标系的相对关系

（3）编译。

（4）执行。

（5）在 rviz2 中查看坐标系关系。

案例我们会采用 C++ 和 Python 分别实现，二者都遵循上述实现流程。

另外需要说明的是，静态广播器除了可以以编码的方式实现外，在 tf2 中还内置了相关工具，可以无须编码，直接执行节点并传入表示坐标系相对关系的参数，即可实现静态坐标系关系的发布。而动态广播器没有提供类似的工具。

4. 坐标系广播的准备工作

终端下进入工作空间的 src 目录，调用如下两条命令分别创建 C++ 功能包和 Python 功能包。

```
ros2 pkg create cpp03_tf_broadcaster --build-type ament_cmake --dependencies rclcpp tf2 tf2_ros geometry_msgs turtlesim
ros2 pkg create py03_tf_broadcaster --build-type ament_python --dependencies rclpy tf_transformations tf2_ros geometry_msgs turtlesim
```

静态广播器_命令实现（上）

5.3.2　静态广播器（命令）

1. 静态广播器工具

在 tf2_ros 功能包中提供了一个名为 static_transform_publisher 的可执行文件，通过该文件可以直接广播静态坐标系关系，其使用语法如下。

格式 1：

使用以米为单位的 x/y/z 偏移量和以弧度为单位的 roll/pitch/yaw（可直译为滚动/俯仰/偏航，分别指的是围绕 x/y/z 轴的旋转）向 tf2 发布静态坐标变换：

```
ros2 run tf2_ros static_transform_publisher --x x --y y --z z --yaw yaw --pitch pitch --roll roll --frame-id frame_id --child-frame-id child_frame_id
```

格式 2：

使用以米为单位的 x/y/z 偏移量和 qx/qy/qz/qw 四元数向 tf2 发布静态坐标变换：

```
ros2 run tf2_ros static_transform_publisher --x x --y y --z z --qx qx --qy qy --qz qz --qw qw --frame-id frame_id --child-frame-id child_frame_id
```

注意：在上述两种格式中除了用于表示父级坐标系的 --frame-id 和用于表示子级坐标系的 --child-frame-id 之外，其他参数都是可选的，如果未指定特定选项，将直接使用默认值。

2. 静态广播器工具的使用

打开两个终端，终端 1 输入如下命令发布雷达（laser）相对于底盘（base_link）的静态坐标变换：

```
ros2 run tf2_ros static_transform_publisher --x 0.4 --y 0 --z 0.2 --yaw 0 --roll 0 --pitch 0 --frame-id base_link --child-frame-id laser
```

终端 2 输入如下命令发布摄像头（camera）相对于底盘（base_link）的静态坐标变换：

```
ros2 run tf2_ros static_transform_publisher --x -0.5 --y 0 --z 0.4 --yaw 0 --roll 0 --pitch 0 --frame-id base_link --child-frame-id camera
```

3. rviz2 查看坐标系关系

新建终端，通过命令 rviz2 打开 rviz2 并配置相关插件查看坐标变换消息：
（1）将 Global Options 中的 Fixed Frame 设置为 base_link；
（2）单击 Add 按钮添加 TF 插件。
右侧 Grid 中将以图形化的方式显示坐标变换关系，如图 5-6 所示。

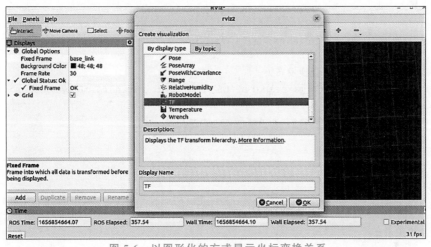

图 5-6 以图形化的方式显示坐标变换关系

5.3.3 静态广播器（C++）

1. 静态广播器（C++）的广播实现

在功能包 cpp03_tf_broadcaster 的 src 目录下，新建 C++ 文件 demo01_static_tf_broadcaster.

cpp,并编辑文件,输入如下内容:

```
/*
    需求:编写静态坐标变换程序,执行时传入两个坐标系的相对位姿关系以及父子级坐标系 id,
        程序运行发布静态坐标变换。
    步骤:
        1.包含头文件
        2.判断终端传入的参数是否合法
        3.初始化 ROS2 客户端
        4.定义节点类
            4-1.创建静态坐标变换发布方
            4-2.组织并发布消息
        5.调用 spin 函数,并传入对象指针
        6.释放资源

*/

//1.包含头文件
#include <geometry_msgs/msg/transform_stamped.hpp>

#include <rclcpp/rclcpp.hpp>
#include <tf2/LinearMath/Quaternion.h>
#include <tf2_ros/static_transform_broadcaster.h>

using std::placeholders::_1;
```

```
//4.定义节点类
class MinimalStaticFrameBroadcaster : public rclcpp::Node
{
public:
    explicit MinimalStaticFrameBroadcaster(char * transformation[]): Node("minimal_static_frame_broadcaster")
    {
        //4-1.创建静态坐标变换发布方
        tf_publisher_ = std::make_shared<tf2_ros::StaticTransformBroadcaster>(this);

        this->make_transforms(transformation);
    }

private:
    //4-2.组织并发布消息
    void make_transforms(char * transformation[])
    {
        //组织消息
        geometry_msgs::msg::TransformStamped t;

        rclcpp::Time now = this->get_clock()->now();
        t.header.stamp = now;
        t.header.frame_id = transformation[7];
        t.child_frame_id = transformation[8];
```

```cpp
    t.transform.translation.x = atof(transformation[1]);
    t.transform.translation.y = atof(transformation[2]);
    t.transform.translation.z = atof(transformation[3]);
    tf2::Quaternion q;
    q.setRPY(
      atof(transformation[4]),
      atof(transformation[5]),
      atof(transformation[6]));
    t.transform.rotation.x = q.x();
    t.transform.rotation.y = q.y();
    t.transform.rotation.z = q.z();
    t.transform.rotation.w = q.w();

    //发布消息
    tf_publisher_->sendTransform(t);
  }
  std::shared_ptr<tf2_ros::StaticTransformBroadcaster> tf_publisher_;
};

int main(int argc, char * argv[])
{
  //2.判断终端传入的参数是否合法
  auto logger = rclcpp::get_logger("logger");

  if (argc != 9) {
    RCLCPP_INFO(
      logger, "运行程序时请按照:x y z roll pitch yaw frame_id child_frame_id 的格式传入参数");
    return 1;
  }

  //3.初始化 ROS2 客户端
  rclcpp::init(argc, argv);
  //5.调用 spin 函数,并传入对象指针
  rclcpp::spin(std::make_shared<MinimalStaticFrameBroadcaster>(argv));
  //6.释放资源
  rclcpp::shutdown();
  return 0;
}
```

2. 编辑静态广播器（C++）的配置文件

(1) 编辑 package.xml

在创建功能包时,所依赖的功能包已经自动配置了,配置内容如下：

```xml
<depend>rclcpp</depend>
<depend>tf2</depend>
<depend>tf2_ros</depend>
<depend>geometry_msgs</depend>
<depend>turtlesim</depend>
```

静态广播器_C++实现 04_补充

(2) 编辑 CMakeLists.txt

CMakeLists.txt 中发布和订阅程序核心配置如下:

```
find_package(ament_cmake REQUIRED)
find_package(rclcpp REQUIRED)
find_package(tf2 REQUIRED)
find_package(tf2_ros REQUIRED)
find_package(geometry_msgs REQUIRED)
find_package(turtlesim REQUIRED)

add_executable(demo01_static_tf_broadcaster src/demo01_static_tf_broadcaster.cpp)
ament_target_dependencies(
  demo01_static_tf_broadcaster
  "rclcpp"
  "tf2"
  "tf2_ros"
  "geometry_msgs"
  "turtlesim"
)

install(TARGETS demo01_static_tf_broadcaster
  DESTINATION lib/${PROJECT_NAME})
```

3. 编译

终端下进入当前工作空间,编译功能包:

```
colcon build --packages-select cpp03_tf_broadcaster
```

4. 执行

当前工作空间下,启动两个终端,终端 1 输入如下命令发布雷达(laser)相对于底盘(base_link)的静态坐标变换:

```
. install/setup.bash
ros2 run cpp03_tf_broadcaster demo01_static_tf_broadcaster 0.4 0 0.2 0 0 0 base_link laser
```

终端 2 输入如下命令发布摄像头(camera)相对于底盘(base_link)的静态坐标变换:

```
. install/setup.bash
ros2 run cpp03_tf_broadcaster demo01_static_tf_broadcaster -0.5 0 0.4 0 0 0 base_link camera
```

5. rviz2 查看坐标系关系

参考 5.3.2 节静态广播器(命令)内容启动并配置 rviz2,最终执行结果与案例 1 类似。

5.3.4 静态广播器(Python)

静态广播器_Python实现01_框架搭建

1. 静态广播器(Python)的广播实现

在功能包 py03_tf_broadcaster 的 py03_tf_broadcaster 目录下,新建 Python 文件

demo01_static_tf_broadcaster_py.py，并编辑文件，输入如下内容：

静态广播器_Python实现02_广播实现

```python
"""
    需求:编写静态坐标变换程序，执行时传入两个坐标系的相对位姿关系以及父子级坐标系 id,
程序运行发布静态坐标变换。
    步骤：
        1.导包
        2.判断终端传入的参数是否合法
        3.初始化 ROS2 客户端
        4.定义节点类
            4-1.创建静态坐标变换发布方
            4-2.组织并发布消息
        5.调用 spin 函数，并传入对象指针
        6.释放资源

"""
#1.导包
import sys
from geometry_msgs.msg import TransformStamped
import rclpy
from rclpy.node import Node
from tf2_ros.static_transform_broadcaster import StaticTransformBroadcaster
import tf_transformations

#4.定义节点类
class MinimalStaticFrameBroadcasterPy(Node):

    def __init__(self, transformation):
        super().__init__('minimal_static_frame_broadcaster_py')
        #4-1.创建静态坐标变换发布方
        self._tf_publisher = StaticTransformBroadcaster(self)
        self.make_transforms(transformation)

    #4-2.组织并发布消息
    def make_transforms(self, transformation):
        #组织消息
        static_transformStamped = TransformStamped()
        static_transformStamped.header.stamp = self.get_clock().now().to_msg()
        static_transformStamped.header.frame_id = sys.argv[7]
        static_transformStamped.child_frame_id = sys.argv[8]
        static_transformStamped.transform.translation.x = float(sys.argv[1])
        static_transformStamped.transform.translation.y = float(sys.argv[2])
        static_transformStamped.transform.translation.z = float(sys.argv[3])
        quat = tf_transformations.quaternion_from_euler(
            float(sys.argv[4]), float(sys.argv[5]), float(sys.argv[6]))
        static_transformStamped.transform.rotation.x = quat[0]
        static_transformStamped.transform.rotation.y = quat[1]
        static_transformStamped.transform.rotation.z = quat[2]
        static_transformStamped.transform.rotation.w = quat[3]
        #发布消息
```

静态广播器_Python实现03_补充

```
        self._tf_publisher.sendTransform(static_transformStamped)

def main():
    #2.判断终端传入的参数是否合法
    logger = rclpy.logging.get_logger('logger')
    if len(sys.argv) < 9:
        logger.info('运行程序时请按照:x y z roll pitch yaw frame_id child_frame_id 的格式传入参数')
        sys.exit(0)

    #3.初始化 ROS2 客户端
    rclpy.init()
    #5.调用 spin 函数,并传入对象指针
    node = MinimalStaticFrameBroadcasterPy(sys.argv)
    try:
        rclpy.spin(node)
    except KeyboardInterrupt:
        pass

    #6.释放资源
    rclpy.shutdown()
```

2. 编辑静态广播器（Python）的配置文件

（1）编辑 package.xml

在创建功能包时,所依赖的功能包已经自动配置了,配置内容如下：

```
<depend>rclpy</depend>
<depend>tf_transformations</depend>
<depend>tf2_ros</depend>
<depend>geometry_msgs</depend>
<depend>turtlesim</depend>
```

（2）编辑 setup.py

entry_points 字段的 console_scripts 中添加如下内容：

```
entry_points={
    'console_scripts': [
        'demo01_static_tf_broadcaster_py = py03_tf_broadcaster.demo01_static_tf_broadcaster_py:main'
    ],
},
```

3. 编译

终端下进入当前工作空间,编译功能包：

```
colcon build --packages-select py03_tf_broadcaster
```

4. 执行

当前工作空间下,启动两个终端,终端 1 输入如下命令发布雷达(laser)相对于底盘(base_link)的静态坐标变换:

```
. install/setup.bash
ros2 run py03_tf_broadcaster demo01_static_tf_broadcaster_py 0.4 0 0.2 0 0 0 base_link laser
```

终端 2 输入如下命令发布摄像头(camera)相对于底盘(base_link)的静态坐标变换:

```
. install/setup.bash
ros2 run py03_tf_broadcaster demo01_static_tf_broadcaster_py -0.5 0 0.4 0 0 0 base_link camera
```

5. rviz2 查看坐标系关系

参考 5.3.2 节静态广播器(命令)内容启动并配置 rviz2,最终执行结果与案例 1 类似。

5.3.5 动态广播器(C++)

1. 动态广播器(C++)的广播实现

在功能包 cpp03_tf_broadcaster 的 src 目录下,新建 C++ 文件 demo02_dynamic_tf_broadcaster.cpp,并编辑文件,输入如下内容:

动态广播器_C++实现01_框架搭建

```cpp
/*
    需求:编写动态坐标变换程序,启动 turtlesim_node 以及 turtle_teleop_key 后,该程序可
        以发布乌龟坐标系到窗口坐标系的坐标变换,并且用键盘控制乌龟运动时,乌龟坐标系与
        窗口坐标系的相对关系也会实时更新。

    步骤:
      1.包含头文件
      2.初始化 ROS2 客户端
      3.定义节点类
        3-1.创建动态坐标变换发布方
        3-2.创建乌龟位姿订阅方
        3-3.根据订阅到的乌龟位姿生成坐标帧并广播
      4.调用 spin 函数,并传入对象指针
      5.释放资源

*/
//1.包含头文件
#include <geometry_msgs/msg/transform_stamped.hpp>

#include <rclcpp/rclcpp.hpp>
#include <tf2/LinearMath/Quaternion.h>
#include <tf2_ros/transform_broadcaster.h>
#include <turtlesim/msg/pose.hpp>

using std::placeholders::_1;
```

动态广播器 C++实现02_广播实现

```cpp
//3.定义节点类
class MinimalDynamicFrameBroadcaster : public rclcpp::Node
{
public:
  MinimalDynamicFrameBroadcaster(): Node("minimal_dynamic_frame_broadcaster")
  {
    //3-1.创建动态坐标变换发布方
    tf_broadcaster_ = std::make_unique<tf2_ros::TransformBroadcaster>(*this);

    std::string topic_name = "/turtle1/pose";

    //3-2.创建乌龟位姿订阅方
    subscription_ = this->create_subscription<turtlesim::msg::Pose>(
      topic_name, 10,
      std::bind(&MinimalDynamicFrameBroadcaster::handle_turtle_pose, this, _1));
  }

private:
  //3-3.根据订阅到的乌龟位姿生成坐标帧并广播
  void handle_turtle_pose(const turtlesim::msg::Pose & msg)
  {
    //组织消息
    geometry_msgs::msg::TransformStamped t;
    rclcpp::Time now = this->get_clock()->now();

    t.header.stamp = now;
    t.header.frame_id = "world";
    t.child_frame_id = "turtle1";

    t.transform.translation.x = msg.x;
    t.transform.translation.y = msg.y;
    t.transform.translation.z = 0.0;

    tf2::Quaternion q;
    q.setRPY(0, 0, msg.theta);
    t.transform.rotation.x = q.x();
    t.transform.rotation.y = q.y();
    t.transform.rotation.z = q.z();
    t.transform.rotation.w = q.w();
    //发布消息
    tf_broadcaster_->sendTransform(t);
  }
  rclcpp::Subscription<turtlesim::msg::Pose>::SharedPtr subscription_;
  std::unique_ptr<tf2_ros::TransformBroadcaster> tf_broadcaster_;
};

int main(int argc, char * argv[])
{
  //2.初始化ROS2客户端
  rclcpp::init(argc, argv);
```

```
    //4.调用 spin 函数,并传入对象指针
    rclcpp::spin(std::make_shared<MinimalDynamicFrameBroadcaster>());
    //5.释放资源
    rclcpp::shutdown();
    return 0;
}
```

2. 编辑动态广播器（C++）的配置文件

package.xml 无须修改,CMakeLists.txt 文件需要添加如下内容：

```
add_executable(demo02_dynamic_tf_broadcaster src/demo02_dynamic_tf_broadcaster.cpp)
ament_target_dependencies(
  demo02_dynamic_tf_broadcaster
  "rclcpp"
  "tf2"
  "tf2_ros"
  "geometry_msgs"
  "turtlesim"
)
```

文件中 install 修改为如下内容：

```
install(TARGETS demo01_static_tf_broadcaster
  demo02_dynamic_tf_broadcaster
  DESTINATION lib/${PROJECT_NAME})
```

3. 编译

终端中进入当前工作空间,编译功能包：

```
colcon build --packages-select cpp03_tf_broadcaster
```

4. 执行

启动两个终端,终端 1 输入如下命令：

```
ros2 run turtlesim turtlesim_node
```

终端 2 输入如下命令：

```
ros2 run turtlesim turtle_teleop_key
```

再在当前工作空间下启动终端,输入如下命令：

```
. install/setup.bash
ros2 run cpp03_tf_broadcaster demo02_dynamic_tf_broadcaster
```

5. rviz2 查看坐标系关系

参考 5.3.2 节静态广播器（命令）内容启动并配置 rviz2（Global Options 中的 Fixed

Frame 设置为 world),通过键盘控制乌龟运动,最终执行结果与案例 2 类似。

5.3.6 动态广播器(Python)

1. 动态广播器(Python)的广播实现

在功能包 py03_tf_broadcaster 的 py03_tf_broadcaster 目录下,新建 Python 文件 demo02_dynamic_tf_broadcaster_py.py,并编辑文件,输入如下内容:

```python
"""
  需求:编写动态坐标变换程序,启动 turtlesim_node 以及 turtle_teleop_key 后,该程序可
       以发布乌龟坐标系到窗口坐标系的坐标变换,并且用键盘控制乌龟运动时,乌龟坐标系与
       窗口坐标系的相对关系也会实时更新。

  步骤:
    1.导包
    2.初始化 ROS2 客户端
    3.定义节点类
      3-1.创建动态坐标变换发布方
      3-2.创建乌龟位姿订阅方
      3-3.根据订阅到的乌龟位姿生成坐标帧并广播
    4.调用 spin 函数,并传入对象指针
    5.释放资源
"""
#1.导包
from geometry_msgs.msg import TransformStamped
import rclpy
from rclpy.node import Node
from tf2_ros import TransformBroadcaster
import tf_transformations
from turtlesim.msg import Pose

#3.定义节点类
class MinimalDynamicFrameBroadcasterPy(Node):

    def __init__(self):
        super().__init__('minimal_dynamic_frame_broadcaster_py')

        #3-1.创建动态坐标变换发布方
        self.br = TransformBroadcaster(self)
        #3-2.创建乌龟位姿订阅方
        self.subscription = self.create_subscription(
            Pose,
            '/turtle1/pose',
            self.handle_turtle_pose,
            1)
        self.subscription
    #3-3.根据订阅到的乌龟位姿生成坐标帧并广播
    def handle_turtle_pose(self, msg):
        #组织消息
```

```
        t = TransformStamped()

        t.header.stamp = self.get_clock().now().to_msg()
        t.header.frame_id = 'world'
        t.child_frame_id = 'turtle1'

        t.transform.translation.x = msg.x
        t.transform.translation.y = msg.y
        t.transform.translation.z = 0.0

        q = tf_transformations.quaternion_from_euler(0, 0, msg.theta)
        t.transform.rotation.x = q[0]
        t.transform.rotation.y = q[1]
        t.transform.rotation.z = q[2]
        t.transform.rotation.w = q[3]

        #发布消息
        self.br.sendTransform(t)


def main():
    #2.初始化 ROS2 客户端
    rclpy.init()
    #4.调用 spin 函数,并传入对象指针
    node = MinimalDynamicFrameBroadcasterPy()
    try:
        rclpy.spin(node)
    except KeyboardInterrupt:
        pass
    #5.释放资源
    rclpy.shutdown()
```

2. 编辑动态广播器(Python)的配置文件

package.xml 无须修改,需要修改 setup.py 文件,entry_points 字段的 console_scripts 中修改为如下内容:

```
entry_points={
    'console_scripts': [
        'demo01_static_tf_broadcaster_py = py03_tf_broadcaster.demo01_static_tf_broadcaster_py:main',
        'demo02_dynamic_tf_broadcaster_py =py03_tf_broadcaster.demo02_dynamic_tf_broadcaster_py:main'
    ],
},
```

3. 编译

终端中进入当前工作空间,编译功能包:

```
colcon build --packages-select py03_tf_broadcaster
```

4. 执行

启动两个终端,终端 1 输入如下命令:

```
ros2 run turtlesim turtlesim_node
```

终端 2 输入如下命令:

```
ros2 run turtlesim turtle_teleop_key
```

再在当前工作空间下,启动终端,输入如下命令:

```
. install/setup.bash
ros2 run py03_tf_broadcaster demo02_dynamic_tf_broadcaster_py
```

5. rviz2 查看坐标系关系

参考 5.3.2 节静态广播器(命令)内容启动并配置 rviz2(Global Options 中的 Fixed Frame 设置为 world),通过键盘控制乌龟运动,最终执行结果与案例 2 类似。

思考题:我们可以在 turtlesim_node 的窗口中生成多只乌龟,如何为每只乌龟都广播自身到"world"的动态坐标变换呢?

坐标点发布_案例以及分析

5.3.7 坐标点发布案例及分析

1. 坐标点发布案例需求

案例:无人车上安装有激光雷达,现激光雷达扫描到一点状障碍物并且可以定位障碍物的坐标,请在雷达坐标系下发布障碍物坐标点数据,并在 rviz2 中查看发布结果,如图 5-7 所示。

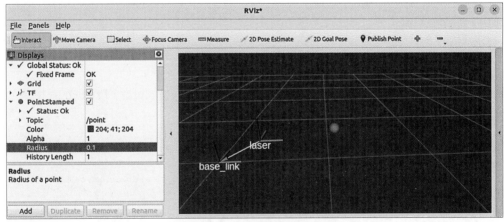

图 5-7 rviz2 中查看障碍物坐标

2. 坐标点发布案例分析

上述案例是一个简单的话题发布程序,在了解坐标点 geometry_msgs/msg/PointStamped 接口消息之后,直接通过话题发布方按照一定逻辑发布消息即可。

3. 坐标点发布流程简介

程序实现主要步骤如下:

(1) 编写话题发布实现;

(2) 编辑配置文件;

(3) 编译;

(4) 执行;

(5) 在 rviz2 中查看运行结果。

案例我们会采用 C++ 和 Python 分别实现,二者都遵循上述实现流程。

5.3.8 坐标点发布(C++)

1. 坐标点发布(C++)话题的发布实现

在功能包 cpp03_tf_broadcaster 的 src 目录下,新建 C++ 文件 demo03_point_publisher.cpp,并编辑文件,输入如下内容:

```cpp
/*
    需求:发布雷达坐标系中某个坐标点相对于雷达(laser)坐标系的位姿。
    步骤:
        1.包含头文件
        2.初始化 ROS2 客户端
        3.定义节点类
            3-1.创建坐标点发布方
            3-2.创建定时器
            3-3.组织并发布坐标点消息
        4.调用 spin 函数,并传入对象指针
        5.释放资源


*/
//1.包含头文件
#include "rclcpp/rclcpp.hpp"
#include "geometry_msgs/msg/point_stamped.hpp"

using namespace std::chrono_literals;

//3.定义节点类
class MinimalPointPublisher: public rclcpp::Node {
public:
    MinimalPointPublisher(): Node("minimal_point_publisher"),x(0.1){
        //3-1.创建坐标点发布方
        point_pub_ = this->create_publisher<geometry_msgs::msg::PointStamped>("point",10);
        //3-2.创建定时器
        timer_ = this->create_wall_timer(0.1s,std::bind(&MinimalPointPublisher::on_timer, this));
    }
private:
    void on_timer(){
        //3-3.组织并发布坐标点消息
        geometry_msgs::msg::PointStamped point;
```

```cpp
        point.header.frame_id = "laser";
        point.header.stamp = this->now();
        x += 0.004;
        point.point.x = x;
        point.point.y = 0.0;
        point.point.z = 0.1;
        point_pub_->publish(point);
    }
    rclcpp::Publisher< geometry_msgs::msg::PointStamped >::SharedPtr point_pub_;
    rclcpp::TimerBase::SharedPtr timer_;
    double_t x;
};

int main(int argc, char const * argv[])
{
    //2.初始化 ROS2 客户端
    rclcpp::init(argc,argv);
    //4.调用 spin 函数,并传入对象指针
    rclcpp::spin(std::make_shared<MinimalPointPublisher>());
    //5.释放资源
    rclcpp::shutdown();
    return 0;
}
```

2. 编辑坐标点发布（C++）的配置文件

package.xml 无须修改,CMakeLists.txt 文件需要添加如下内容:

```
add_executable(demo03_point_publisher src/demo03_point_publisher.cpp)
ament_target_dependencies(
  demo03_point_publisher
  "rclcpp"
  "tf2"
  "tf2_ros"
  "geometry_msgs"
  "turtlesim"
)
```

文件中 install 修改为如下内容:

```
install(TARGETS demo01_static_tf_broadcaster
  demo02_dynamic_tf_broadcaster
  demo03_point_publisher
  DESTINATION lib/${PROJECT_NAME})
```

3. 编译

终端中进入当前工作空间,编译功能包:

```
colcon build --packages-select cpp03_tf_broadcaster
```

4. 执行

当前工作空间下,启动两个终端,终端 1 输入如下命令发布雷达(laser)相对于底盘(base_link)的静态坐标变换:

```
. install/setup.bash
ros2 run cpp03_tf_broadcaster demo01_static_tf_broadcaster 0.4 0 0.2 0 0 0 base_link laser
```

终端 2 输入如下命令发布障碍物相对于雷达(laser)的坐标点:

```
. install/setup.bash
ros2 run cpp03_tf_broadcaster demo03_point_publisher
```

5. rviz2 查看坐标系关系

参考 5.3.2 节静态广播器(命令)内容启动并配置 rviz2,显示坐标变换后,再添加 PointStamped 插件并将其话题设置为 /point,最终显示结果与案例演示类似,如图 5-8 所示。

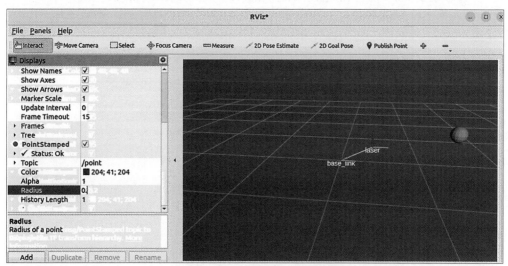

图 5-8 添加 PointStamped 插件

5.3.9 坐标点发布(Python)

1. 坐标点发布(Python)话题的发布实现

在功能包 py03_tf_broadcaster 的 py03_tf_broadcaster 目录下,新建 Python 文件 demo03_point_publisher_py.py,并编辑文件,输入如下内容:

```
"""
需求:发布雷达坐标系中某个坐标点相对于雷达(laser)坐标系的位姿。
步骤:
    1.导包
    2.初始化 ROS2 客户端
    3.定义节点类
```

坐标点发布_Python 实现

```
            3-1.创建坐标点发布方
            3-2.创建定时器
            3-3.组织并发布坐标点消息
    4.调用 spin 函数,并传入对象指针
    5.释放资源
"""
#1.导包
from geometry_msgs.msg import PointStamped
import rclpy
from rclpy.node import Node

#3.定义节点类
class MinimalPointPublisher(Node):

    def __init__(self):
        super().__init__('minimal_point_publisher_py')
        #3-1.创建坐标点发布方
        self.pub = self.create_publisher(PointStamped, 'point', 10)
        #3-2.创建定时器
        self.timer = self.create_timer(1.0, self.on_timer)
        self.x = 0.1
    def on_timer(self):
        #3-3.组织并发布坐标点消息
        ps = PointStamped()
        ps.header.stamp = self.get_clock().now().to_msg()
        ps.header.frame_id = 'laser'
        self.x += 0.02
        ps.point.x = self.x
        ps.point.y = 0.0
        ps.point.z = 0.2
        self.pub.publish(ps)


def main():
    #2.初始化 ROS2 客户端
    rclpy.init()
    #4.调用 spin 函数,并传入对象指针
    node = MinimalPointPublisher()
    rclpy.spin(node)
    #5.释放资源
```

2. 编辑坐标点发布(Python)的配置文件

package.xml 无须修改,需要修改 setup.py 文件,entry_points 字段的 console_scripts 中修改为如下内容:

```
entry_points={
    'console_scripts': [
        'demo01_static_tf_broadcaster_py = py03_tf_broadcaster.demo01_static_tf_broadcaster_py:main',
```

```
            'demo02_dynamic_tf_broadcaster_py = py03_tf_broadcaster.demo02_dynamic
_tf_broadcaster_py:main',
            'demo03 _ point _ publisher _ py = py03 _ tf _ broadcaster. demo03 _ point _
publisher_py:main'
        ],
    },
```

3. 编译

终端中进入当前工作空间,编译功能包:

```
colcon build --packages-select py03_tf_broadcaster
```

4. 执行

当前工作空间下,启动两个终端,终端 1 输入如下命令发布雷达(laser)相对于底盘(base_link)的静态坐标变换:

```
. install/setup.bash
ros2 run py03_tf_broadcaster demo01_static_tf_broadcaster_py 0.4 0 0.2 0 0 0 base_
link laser
```

终端 2 输入如下命令发布障碍物相对于雷达(laser)的坐标点:

```
. install/setup.bash
ros2 run py03_tf_broadcaster demo03_point_publisher_py
```

5. rviz2 查看坐标系关系

参考 5.3.8 节坐标点发布(C++)操作。

坐标变换
广播_小结

5.4 坐标变换监听

监听可以实现坐标点在不同坐标系之间的变换,或者不同坐标系之间的变换。当然,前提是必须要广播不同坐标系关系,至于是静态广播或动态广播则无要求。

5.4.1 坐标系变换案例需求及分析

1. 坐标系变换案例需求

案例 1:在 5.3 节坐标变换广播中发布了 laser 相对于 base_link 和 camera 相对于 base_link 的坐标系关系,请求解 laser 相对于 camera 的坐标系关系,如图 5-9 所示。

案例 2:在 5.3 节坐标变换广播中发布了 laser 相对于 base_link 的坐标系关系且发布了 laser 坐标系下障碍物的坐标点数据,请求解 base_link 坐标系下该障碍物的坐标,如图 5-10 所示。

2. 坐标系变换案例分析

在上述案例中,案例 1 是在多坐标系的场景下实现不同坐标系之间的变换,案例 2 则是要实现同一坐标点在不同坐标系下的变换,虽然需求不同,但是相关算法都被封装好了,我

图 5-9 求解 laser 相对于 camera 的坐标系关系

图 5-10 求解 base_link 坐标系下障碍物的坐标

们只需要调用相关 API 即可。

3. 坐标系变换流程简介

两个案例的实现流程类似，主要步骤如下：

（1）编写坐标系变换程序实现；

（2）编辑配置文件；

（3）编译；

（4）执行。

案例我们会采用 C++ 和 Python 分别实现，二者都遵循上述实现流程。

4. 坐标系变换的准备工作

终端下进入工作空间的 src 目录，调用如下两条命令分别创建 C++ 功能包和 Python 功能包。

```
ros2 pkg create cpp04_tf_listener --build-type ament_cmake --dependencies rclcpp tf2 tf2_ros geometry_msgs
ros2 pkg create py04_tf_listener --build-type ament_python --dependencies rclpy tf_transformations tf2_ros geometry_msgs
```

5.4.2 坐标系变换(C++)

1. 坐标系变换(C++)的实现

在功能包 cpp04_tf_listener 的 src 目录下,新建 C++ 文件 demo01_tf_listener.cpp,并编辑文件,输入如下内容:

```cpp
/*
    需求:订阅 laser 到 base_link 以及 camera 到 base_link 的坐标系关系,并生成 laser 到
        camera 的坐标系变换。
    步骤:
        1.包含头文件
        2.初始化 ROS2 客户端
        3.定义节点类
          3-1.创建 tf 缓存对象指针
          3-2.创建 tf 监听器
          3-3.按照条件查找符合条件的坐标系并生成变换后的坐标帧
        4.调用 spin 函数,并传入对象指针
        5.释放资源

*/
#include "rclcpp/rclcpp.hpp"
#include "tf2_ros/transform_listener.h"
#include "tf2_ros/buffer.h"
#include "tf2/LinearMath/Quaternion.h"

using namespace std::chrono_literals;

//3.定义节点类
class MinimalFrameListener : public rclcpp::Node {
public:
  MinimalFrameListener():Node("minimal_frame_listener"){
    tf_buffer_ = std::make_unique<tf2_ros::Buffer>(this->get_clock());
    transform_listener_ = std::make_shared<tf2_ros::TransformListener>(*tf_buffer_);
    timer_ = this->create_wall_timer(1s, std::bind(&MinimalFrameListener::on_timer,this));
  }

private:
  void on_timer(){
    try
    {
```

坐标系变换监听_C++实现03_下

```cpp
            auto transformStamped = tf_buffer_->lookupTransform("camera","laser",
tf2::TimePointZero);
            RCLCPP_INFO(this->get_logger(),"----------转换结果----------");
            RCLCPP_INFO(this->get_logger(),"frame_id:%s",transformStamped.header.
frame_id.c_str());
            RCLCPP_INFO(this->get_logger(),"child_frame_id:%s",transformStamped.
child_frame_id.c_str());
            RCLCPP_INFO(this->get_logger(),"坐标:(%.2f,%.2f,%.2f)",
                transformStamped.transform.translation.x,
                transformStamped.transform.translation.y,
                transformStamped.transform.translation.z);

        }
        catch(const tf2::LookupException& e)
        {
            RCLCPP_INFO(this->get_logger(),"坐标变换异常:%s",e.what());
        }


    }
    rclcpp::TimerBase::SharedPtr timer_;
    std::shared_ptr<tf2_ros::TransformListener> transform_listener_;
    std::unique_ptr<tf2_ros::Buffer> tf_buffer_;
};

int main(int argc, char const * argv[])
{
    //2.初始化 ROS2 客户端
    rclcpp::init(argc,argv);
    //4.调用 spin 函数,并传入对象指针
    rclcpp::spin(std::make_shared<MinimalFrameListener>());
    //5.释放资源
    rclcpp::shutdown();
    return 0;
}
```

2. 编辑坐标系变换(C++)的配置文件

(1) 编辑 package.xml

在创建功能包时,所依赖的功能包已经自动配置了,配置内容如下:

```xml
<depend>rclcpp</depend>
<depend>tf2</depend>
<depend>tf2_ros</depend>
<depend>geometry_msgs</depend>
```

(2) 编辑 CMakeLists.txt

CMakeLists.txt 中发布和订阅程序核心配置如下:

```
find_package(ament_cmake REQUIRED)
```

```
find_package(rclcpp REQUIRED)
find_package(tf2 REQUIRED)
find_package(tf2_ros REQUIRED)
find_package(geometry_msgs REQUIRED)
find_package(turtlesim REQUIRED)

add_executable(demo01_tf_listener src/demo01_tf_listener.cpp)

ament_target_dependencies(
  demo01_tf_listener
  "rclcpp"
  "tf2"
  "tf2_ros"
  "geometry_msgs"
)

install(TARGETS demo01_tf_listener
  DESTINATION lib/${PROJECT_NAME})
```

3. 编译

终端中进入当前工作空间,编译功能包:

```
colcon build --packages-select cpp04_tf_listener
```

4. 执行

当前工作空间下,启动三个终端,终端 1 输入如下命令发布雷达(laser)相对于底盘(base_link)的静态坐标变换:

```
. install/setup.bash
ros2 run cpp03_tf_broadcaster demo01_static_tf_broadcaster 0.4 0 0.2 0 0 0 base_link laser
```

终端 2 输入如下命令发布摄像头(camera)相对于底盘(base_link)的静态坐标变换:

```
. install/setup.bash
ros2 run cpp03_tf_broadcaster demo01_static_tf_broadcaster -0.5 0 0.4 0 0 0 base_link camera
```

终端 3 输入如下命令执行坐标系变换:

```
. install/setup.bash
ros2 run cpp04_tf_listener demo01_tf_listener
```

终端 3 将输出 laser 相对于 camera 的坐标,具体结果请参考图 5-9 效果。

5.4.3 坐标系变换(Python)

1. 坐标系变换(Python)的实现

在功能包 py04_tf_listener 的 py04_tf_listener 目录下,新建 Python 文件 demo01_tf_

坐标系变换
监听_Python
实现

listener_py.py,并编辑文件,输入如下内容:

```python
"""
    需求:订阅 laser 到 base_link 以及 camera 到 base_link 的坐标系关系,并生成 laser 到
        camera 的坐标变换。
    步骤:
       1.导包
       2.初始化 ROS2 客户端
       3.定义节点类
          3-1.创建 tf 缓存对象指针
          3-2.创建 tf 监听器
          3-3.按照条件查找符合条件的坐标系并生成变换后的坐标帧
       4.调用 spin 函数,并传入对象指针
       5.释放资源
"""

#1.导包
import rclpy
from rclpy.node import Node
from tf2_ros.buffer import Buffer
from tf2_ros.transform_listener import TransformListener
from rclpy.time import Time

#3.定义节点类
class TFListenerPy(Node):
    def __init__(self):
        super().__init__("tf_listener_py_node_py")
        #3-1.创建一个缓存对象,融合多个坐标系相对关系为一棵坐标树
        self.buffer = Buffer()
        #3-2.创建一个监听器,绑定缓存对象,会将所有广播器广播的数据写入缓存
        self.listener = TransformListener(self.buffer,self)
        #3-3.编写一个定时器,循环实现转换
        self.timer = self.create_timer(1.0,self.on_timer)

    def on_timer(self):
        #判断是否可以实现转换
        if self.buffer.can_transform("camera","laser",Time()):
            ts = self.buffer.lookup_transform("camera","laser",Time())
            self.get_logger().info("-------转换后的数据-------")
            self.get_logger().info(
                "转换的结果,父坐标系:%s,子坐标系:%s,偏移量:(%.2f,%.2f,%.2f)"
                % (ts.header.frame_id,ts.child_frame_id,
                   ts.transform.translation.x,
                   ts.transform.translation.y,
                   ts.transform.translation.z)
            )
        else:
            self.get_logger().info("转换失败......")

def main():
```

```
#2.初始化 ROS2 客户端
rclpy.init()
#4.调用 spin 函数,并传入对象指针
rclpy.spin(TFListenerPy())
#5.释放资源
rclpy.shutdown()

if __name__ == '__main__':
    main()
```

2. 编辑坐标系变换(Python)的配置文件

(1) 编辑 package.xml

在创建功能包时,所依赖的功能包已经自动配置了,配置内容如下:

```
<depend>rclpy</depend>
<depend>tf_transformations</depend>
<depend>tf2_ros</depend>
<depend>geometry_msgs</depend>
```

(2) 编辑 setup.py

在 entry_points 字段的 console_scripts 中添加如下内容:

```
entry_points={
    'console_scripts': [
        'demo01_tf_listener_py = py04_tf_listener.demo01_tf_listener_py:main'
    ],
},
```

3. 编译

终端中进入当前工作空间,编译功能包:

```
colcon build --packages-select py04_tf_listener
```

4. 执行

当前工作空间下,启动两个终端,终端 1 输入如下命令发布雷达(laser)相对于底盘(base_link)的静态坐标变换:

```
. install/setup.bash
ros2 run py03_tf_broadcaster demo01_static_tf_broadcaster_py 0.4 0 0.2 0 0 0 base_link laser
```

终端 2 输入如下命令发布摄像头(camera)相对于底盘(base_link)的静态坐标变换:

```
. install/setup.bash
ros2 run py03_tf_broadcaster demo01_static_tf_broadcaster_py -0.5 0 0.4 0 0 0 base_link camera
```

终端 3 输入如下命令执行坐标系变换：

```
. install/setup.bash
ros2 run py04_tf_listener demo01_tf_listener_py
```

终端 3 将输出 laser 相对于 camera 的坐标，具体结果请参考图 5-9 效果。

5.4.4 坐标点变换（C++）

1. 坐标点变换（C++）的实现

在功能包 cpp04_tf_listener 的 src 目录下，新建 C++ 文件 demo02_message_filter.cpp，并编辑文件，输入如下内容：

坐标点变换监听_C++实现 01_实现框架

坐标点变换监听_C++实现 02_框架搭建

坐标点变换监听_C++实现 03_监听器创建

```cpp
/*
    需求：将雷达感知到的障碍物的坐标点数据(相对于 laser 坐标系)，转换成相对于底盘坐标系
        (base_link)的坐标点。

    步骤：
        1.包含头文件
        2.初始化 ROS2 客户端
        3.定义节点类
            3-1.创建 tf 缓存对象指针
            3-2.创建 tf 监听器
            3-3.创建坐标点订阅方并订阅指定话题
            3-4.创建消息过滤器过滤被处理的数据
            3-5.为消息过滤器注册转换坐标点数据的回调函数
        4.调用 spin 函数，并传入对象指针
        5.释放资源

*/
//1.包含头文件
#include <geometry_msgs/msg/point_stamped.hpp>
#include <message_filters/subscriber.h>

#include <rclcpp/rclcpp.hpp>
#include <tf2_ros/buffer.h>
#include <tf2_ros/create_timer_ros.h>
#include <tf2_ros/message_filter.h>
#include <tf2_ros/transform_listener.h>
//#ifdef TF2_CPP_HEADERS
//    #include <tf2_geometry_msgs/tf2_geometry_msgs.hpp>
//#else
//    #include <tf2_geometry_msgs/tf2_geometry_msgs.h>
//#endif

#include <tf2_geometry_msgs/tf2_geometry_msgs.hpp>

using namespace std::chrono_literals;
```

```cpp
//3.定义节点类
class MessageFilterPointListener : public rclcpp::Node
{
public:
  MessageFilterPointListener(): Node("message_filter_point_listener")
  {

    target_frame_ = "base_link";

    typedef std::chrono::duration<int> seconds_type;
    seconds_type buffer_timeout(1);
    //3-1.创建tf缓存对象指针
    tf2_buffer_ = std::make_shared<tf2_ros::Buffer>(this->get_clock());
    auto timer_interface = std::make_shared<tf2_ros::CreateTimerROS>(
      this->get_node_base_interface(),
      this->get_node_timers_interface());
    tf2_buffer_->setCreateTimerInterface(timer_interface);
    //3-2.创建tf监听器
    tf2_listener_ = std::make_shared<tf2_ros::TransformListener>(*tf2_buffer_);

    //3-3.创建坐标点订阅方并订阅指定话题
    point_sub_.subscribe(this, "point");
    //3-4.创建消息过滤器过滤被处理的数据
    tf2_filter_ = std::make_shared<tf2_ros::MessageFilter<geometry_msgs::msg::PointStamped>>(
      point_sub_, *tf2_buffer_, target_frame_, 100, this->get_node_logging_interface(),
      this->get_node_clock_interface(), buffer_timeout);
    //3-5.为消息过滤器注册转换坐标点数据的回调函数
    tf2_filter_->registerCallback(&MessageFilterPointListener::msgCallback, this);
  }

private:
  void msgCallback(const geometry_msgs::msg::PointStamped::SharedPtr point_ptr)
  {
    geometry_msgs::msg::PointStamped point_out;
    try {
      tf2_buffer_->transform(*point_ptr, point_out, target_frame_);
      RCLCPP_INFO(
        this->get_logger(), "坐标点相对于base_link的坐标:(%.2f,%.2f,%.2f)",
        point_out.point.x,
        point_out.point.y,
        point_out.point.z);
    } catch (tf2::TransformException & ex) {
      RCLCPP_WARN(
        //Print exception which was caught
        this->get_logger(), "Failure %s\n", ex.what());
    }
```

坐标点变换
监听_C++
实现04_
订阅坐标点

坐标点变换
监听_C++
实现05_
过滤器创建

```cpp
  }
  std::string target_frame_;
  std::shared_ptr<tf2_ros::Buffer> tf2_buffer_;
  std::shared_ptr<tf2_ros::TransformListener> tf2_listener_;
  message_filters::Subscriber<geometry_msgs::msg::PointStamped> point_sub_;
  std::shared_ptr<tf2_ros::MessageFilter<geometry_msgs::msg::PointStamped>>
tf2_filter_;
};

int main(int argc, char * argv[])
{
  //2.初始化 ROS2 客户端
  rclcpp::init(argc, argv);
  //4.调用 spin 函数,并传入对象指针
  rclcpp::spin(std::make_shared<MessageFilterPointListener>());
  //5.释放资源
  rclcpp::shutdown();
  return 0;
}
```

2. 编辑坐标点变换(C++)的配置文件

(1) 编辑 package.xml

在创建功能包时,所依赖的部分功能包已经自动配置了,不过为了实现坐标点变换,还需要添加依赖包 tf2_geometry_msgs 和 message_filters,修改后的配置内容如下:

```xml
<depend>rclcpp</depend>
<depend>tf2</depend>
<depend>tf2_ros</depend>
<depend>geometry_msgs</depend>
<depend>tf2_geometry_msgs</depend>
<depend>message_filters</depend>
```

(2) 编辑 CMakeLists.txt

CMakeLists.txt 文件修改后的内容如下:

```cmake
# find dependencies
find_package(ament_cmake REQUIRED)
find_package(rclcpp REQUIRED)
find_package(tf2 REQUIRED)
find_package(tf2_ros REQUIRED)
find_package(geometry_msgs REQUIRED)
find_package(tf2_geometry_msgs REQUIRED)

add_executable(demo01_tf_listener src/demo01_tf_listener.cpp)

ament_target_dependencies(
  demo01_tf_listener
  "rclcpp"
```

```
  "tf2"
  "tf2_ros"
  "geometry_msgs"
)


add_executable(demo02_message_filter src/demo02_message_filter.cpp)
ament_target_dependencies(
  demo02_message_filter
  "rclcpp"
  "tf2"
  "tf2_ros"
  "geometry_msgs"
  "tf2_geometry_msgs"
  "message_filters"
)

install(TARGETS demo01_tf_listener
  demo02_message_filter
  DESTINATION lib/${PROJECT_NAME})
```

3. 编译

终端中进入当前工作空间,编译功能包:

```
colcon build --packages-select cpp04_tf_listener
```

4. 执行

在当前工作空间下,启动三个终端,终端 1 输入如下命令发布雷达(laser)相对于底盘(base_link)的静态坐标变换:

```
. install/setup.bash
ros2 run cpp03_tf_broadcaster demo01_static_tf_broadcaster 0.4 0 0.2 0 0 0 base_link laser
```

坐标点变换监听_C++实现 06_变换实现以及小结

终端 2 输入如下命令发布障碍物相对于雷达(laser)的坐标点:

```
. install/setup.bash
ros2 run cpp03_tf_broadcaster demo03_point_publisher
```

终端 3 输入如下命令执行坐标点变换:

```
. install/setup.bash
ros2 run cpp04_tf_listener demo02_message_filter
```

终端 3 将输出坐标点相对于 base_link 的坐标,具体结果请参考图 5-9 效果。

5.4.5 坐标点变换(Python)

暂无。

坐标点变换监听_Python实现

坐标变换工具

5.5 坐标变换工具

在 ROS2 的 TF 框架中除了封装了坐标广播与订阅功能外，还提供了一些工具，可以帮助我们提高开发、调试效率。本节主要介绍这些工具的使用，这些工具主要涉及两个功能包：tf2_ros 和 tf2_tools。

tf2_ros 包中提供的常用节点如下。

- static_transform_publisher：该节点用于广播静态坐标变换。
- tf2_monitor：该节点用于打印所有或特定坐标系的发布频率与网络延迟。
- tf2_echo：该节点用于打印特定坐标系的平移、旋转关系。

tf2_tools 包中提供的节点如下。

- view_frames：该节点可以生成显示坐标系关系的 pdf 文件，该文件包含树结构的坐标系图谱。

上述诸多工具中，功能包 tf2_ros 中的 static_transform_publisher 节点在 5.3.2 节静态广播器(命令)一节中已有详细说明，本节不再介绍。

为了更好地演示工具的使用，请先启动若干坐标系广播节点，例如，可以按照 5.3.2 节静态广播器(命令)和 5.3.5 节动态广播器(C++)广播一些坐标系消息。

1. tf2_monitor

(1) 打印所有坐标系的发布频率与网络延迟

终端执行命令：

```
ros2 run tf2_ros tf2_monitor
```

运行结果如图 5-11 所示。

```
Gathering data on all frames for 10 seconds...



RESULTS: for all Frames

Frames:
Frame: camera, published by <no authority available>, Average Delay: 24883.1, Max Delay: 24883.1
Frame: laser, published by <no authority available>, Average Delay: 23152.5, Max Delay: 23152.5
Frame: turtle1, published by <no authority available>, Average Delay: 0.000562749, Max Delay: 0.0135486

All Broadcasters:
Node: <no authority available> 62.7926 Hz, Average Delay: 72.8922 Max Delay: 24883.1



RESULTS: for all Frames

Frames:
Frame: camera, published by <no authority available>, Average Delay: 24883.1, Max Delay: 24883.1
Frame: laser, published by <no authority available>, Average Delay: 23152.5, Max Delay: 23152.5
Frame: turtle1, published by <no authority available>, Average Delay: 0.000514688, Max Delay: 0.0135486

All Broadcasters:
Node: <no authority available> 62.5644 Hz, Average Delay: 0.000514688 Max Delay: 0.0135486
```

图 5-11 所有坐标系的发布频率与网络延迟

(2)打印指定坐标系的发布频率与网络延迟

终端执行命令：

```
ros2 run tf2_ros tf2_monitor camera laser
```

运行结果如图 5-12 所示。

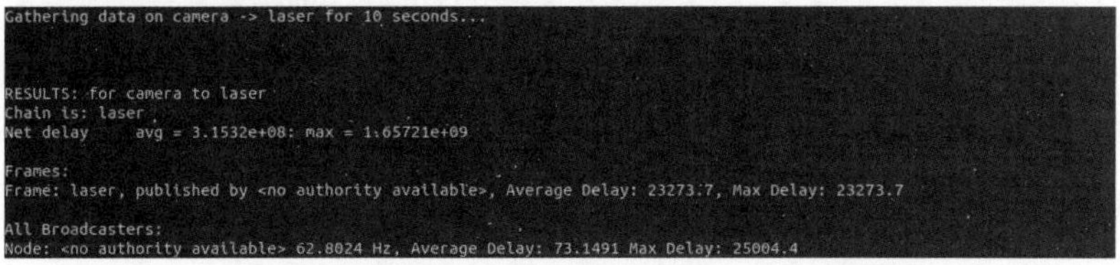

图 5-12 指定坐标系的发布频率与网络延迟

2. tf2_echo

打印两个坐标系的平移、旋转关系。

终端执行命令：

```
ros2 run tf2_ros tf2_echo world turtle1
```

运行结果如图 5-13 所示。

图 5-13 坐标系的平移、旋转关系

3. view_frames

以图形化的方式显示坐标系关系。

终端执行命令：

```
ros2 run tf2_tools view_frames
```

运行结果：将会生成 frames_xxxx.gv 与 frames_xxxx.pdf 文件，其中 xxxx 为时间戳。打开 pdf 文件显示如图 5-14 所示的内容。

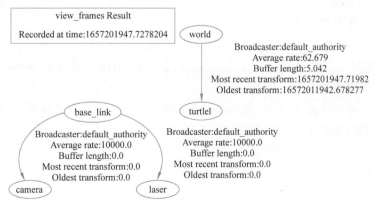

图 5-14 以图形化的方式显示坐标系关系

5.6 坐标变换实操

本节主要介绍如何实现"乌龟跟随"以及"乌龟护航"案例。

5.6.1 乌龟跟随案例需求及分析

乌龟跟随_案例分析

1. 乌龟跟随案例需求

编写程序实现,程序运行后会启动 turtlesim_node 节点,该节点会生成一个窗口,窗口中有一只原生乌龟(turtle1),紧接着再生成一只新的乌龟(turtle2),无论是 turtle1 静止或是被键盘控制运动时,turtle2 都会以 turtle1 为目标并向其运动,如图 5-15 所示。

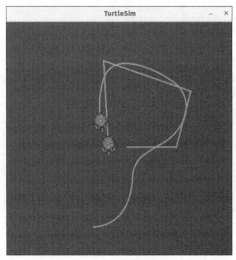

图 5-15 乌龟跟随

2. 乌龟跟随案例分析

"乌龟跟随"案例的核心是如何确定 turtle1 相对 turtle2 的位置,只要该位置确定就可以把其作为目标点并控制 turtle2 向其运动。相对位置的确定可以通过坐标变换实现,大致思路是先分别广播 turtle1 相对于 world 和 turtle2 相对于 world 的坐标系关系,然后通过监听坐标系关系进一步获取 turtle1 相对于 turtle2 的坐标系关系。

3. 乌龟跟随流程简介

案例实现主要步骤如下:

(1) 编写程序调用 /spawn 服务生成一只新乌龟;

(2) 编写坐标变换广播实现,通过该实现可以广播 turtle1 相对于 world 和 turtle2 相对于 world 的坐标系关系;

(3) 编写坐标变换监听实现,获取 turtle1 相对于 turtle2 的坐标系关系并生成控制 turtle2 运动的速度指令;

(4) 编写 launch 文件集成相关节点;

(5) 编辑配置文件;

(6) 编译;

(7) 执行。

案例我们会采用 C++ 和 Python 分别实现,二者都遵循上述实现流程。

4. 乌龟跟随的准备工作

(1) 新建功能包

终端下进入工作空间的 src 目录,调用如下两条命令分别创建 C++ 功能包和 Python 功能包。

```
ros2 pkg create cpp05_exercise --build-type ament_cmake --dependencies rclcpp tf2 tf2_ros geometry_msgs turtlesim
ros2 pkg create py05_exercise --build-type ament_python --dependencies rclpy tf_transformations tf2_ros geometry_msgs turtlesim
```

(2) 创建 launch 目录

功能包 cpp05_exercise 和 py05_exercise 下分别新建 launch 文件,并编辑配置文件。

功能包 cpp05_exercise 的 CMakeLists.txt 文件添加如下内容:

```
install(DIRECTORY launch
  DESTINATION share/${PROJECT_NAME}
)
```

功能包 py05_exercise 的 setup.py 文件中需要修改 data_files 属性,修改后的内容如下:

```
data_files=[
    ('share/ament_index/resource_index/packages',
        ['resource/' + package_name]),
    ('share/' + package_name, ['package.xml'],),
    ('share/' + package_name, glob("launch/*.launch.xml")),
    ('share/' + package_name, glob("launch/*.launch.py")),
    ('share/' + package_name, glob("launch/*.launch.yaml")),
],
```

5.6.2 乌龟跟随的实现(C++)

1. 乌龟跟随(C++)编写生成新乌龟的实现

在功能包 cpp05_exercise 的 src 目录下,新建 C++ 文件 exer01_tf_spawn.cpp,并编辑文件,输入如下内容:

```
/*
    需求:编写客户端,发送请求生成一只新的乌龟。
    步骤:
      1.包含头文件
      2.初始化 ROS2 客户端
      3.定义节点类
        3-1.声明并获取参数
        3-2.创建客户端
```

乌龟跟随
(C++)_02
生成乌龟中

```
    3-3.等待服务连接
    3-4.组织请求数据并发送
  4.创建对象指针调用其功能,并处理响应
  5.释放资源

*/
//1.包含头文件
#include "rclcpp/rclcpp.hpp"
#include "turtlesim/srv/spawn.hpp"

using namespace std::chrono_literals;

//3.定义节点类
class TurtleSpawnClient: public rclcpp::Node{
  public:
    TurtleSpawnClient():Node("turtle_spawn_client"){
      //3-1.声明并获取参数
      this->declare_parameter("x",2.0);
      this->declare_parameter("y",8.0);
      this->declare_parameter("theta",0.0);
      this->declare_parameter("turtle_name","turtle2");
      x = this->get_parameter("x").as_double();
      y = this->get_parameter("y").as_double();
      theta = this->get_parameter("theta").as_double();
      turtle_name = this->get_parameter("turtle_name").as_string();
      //3-2.创建客户端
      client = this->create_client<turtlesim::srv::Spawn>("/spawn");
    }
    //3-3.等待服务连接
    bool connect_server(){
      while (!client->wait_for_service(1s))
      {
        if (!rclcpp::ok())
        {
          RCLCPP_INFO(this->get_logger(),"客户端退出!");
          return false;
        }

        RCLCPP_INFO(this->get_logger(),"服务连接中,请稍候...");
      }
      return true;
    }
    //3-4.组织请求数据并发送
    rclcpp::Client<turtlesim::srv::Spawn>::FutureAndRequestId send_request(){
      auto request = std::make_shared<turtlesim::srv::Spawn::Request>();
      request->x = x;
      request->y = y;
      request->theta = theta;
      request->name = turtle_name;
      return client->async_send_request(request);
```

```cpp
    }

private:
    rclcpp::Client<turtlesim::srv::Spawn>::SharedPtr client;
    float_t x,y,theta;
    std::string turtle_name;
};

int main(int argc, char ** argv)
{
    //2.初始化ROS2客户端
    rclcpp::init(argc,argv);

    //4.创建对象指针并调用其功能
    auto client = std::make_shared<TurtleSpawnClient>();
    bool flag = client->connect_server();
    if (!flag)
    {
        RCLCPP_INFO(client->get_logger(),"服务连接失败!");
        return 0;
    }

    auto response = client->send_request();

    //处理响应
    if (rclcpp::spin_until_future_complete(client, response) == rclcpp::FutureReturnCode::SUCCESS)
    {
        RCLCPP_INFO(client->get_logger(),"请求正常处理");
        std::string name = response.get()->name;
        if (name.empty())
        {
            RCLCPP_INFO(client->get_logger(),"乌龟重名导致生成失败!");
        } else {
            RCLCPP_INFO(client->get_logger(),"乌龟%s生成成功!", name.c_str());
        }

    } else {
        RCLCPP_INFO(client->get_logger(),"请求异常");
    }

    //5.释放资源
    rclcpp::shutdown();
    return 0;
}
```

2. 乌龟跟随（C++）编写坐标变换广播的实现

在功能包 cpp05_exercise 的 src 目录下，新建 C++ 文件 exer02_tf_broadcaster.cpp，并

编辑文件,输入如下内容:

```cpp
/*
    需求:发布乌龟坐标系到窗口坐标系的坐标变换。
    步骤:
        1.包含头文件
        2.初始化 ROS2 客户端
        3.定义节点类
            3-1.声明并解析乌龟名称参数
            3-2.创建动态坐标变换发布方
            3-3.创建乌龟位姿订阅方
            3-4.根据订阅到的乌龟位姿生成坐标帧并广播
        4.调用 spin 函数,并传入对象指针
        5.释放资源

*/
//1.包含头文件
#include <geometry_msgs/msg/transform_stamped.hpp>

#include <rclcpp/rclcpp.hpp>
#include <tf2/LinearMath/Quaternion.h>
#include <tf2_ros/transform_broadcaster.h>
#include <turtlesim/msg/pose.hpp>

using std::placeholders::_1;

//3.定义节点类
class TurtleFrameBroadcaster : public rclcpp::Node
{
public:
  TurtleFrameBroadcaster(): Node("turtle_frame_broadcaster")
  {
    //3-1.声明并解析乌龟名称参数
    this->declare_parameter("turtle_name","turtle1");
    turtle_name = this->get_parameter("turtle_name").as_string();
    //3-2.创建动态坐标变换发布方
    tf_broadcaster_ = std::make_unique<tf2_ros::TransformBroadcaster>(*this);
    std::string topic_name = turtle_name + "/pose";

    //3-3.创建乌龟位姿订阅方
    subscription_ = this->create_subscription<turtlesim::msg::Pose>(
      topic_name, 10,
      std::bind(&TurtleFrameBroadcaster::handle_turtle_pose, this, _1));
  }

private:
  //3-4.根据订阅到的乌龟位姿生成坐标帧并广播
  void handle_turtle_pose(const turtlesim::msg::Pose & msg)
  {
```

```cpp
    //组织消息
    geometry_msgs::msg::TransformStamped t;
    rclcpp::Time now = this->get_clock()->now();

    t.header.stamp = now;
    t.header.frame_id = "world";
    t.child_frame_id = turtle_name;

    t.transform.translation.x = msg.x;
    t.transform.translation.y = msg.y;
    t.transform.translation.z = 0.0;

    tf2::Quaternion q;
    q.setRPY(0, 0, msg.theta);
    t.transform.rotation.x = q.x();
    t.transform.rotation.y = q.y();
    t.transform.rotation.z = q.z();
    t.transform.rotation.w = q.w();
    //发布消息
    tf_broadcaster_->sendTransform(t);
  }
  rclcpp::Subscription<turtlesim::msg::Pose>::SharedPtr subscription_;
  std::unique_ptr<tf2_ros::TransformBroadcaster> tf_broadcaster_;
  std::string turtle_name;
};

int main(int argc, char * argv[])
{
    //2.初始化 ROS2 客户端
    rclcpp::init(argc, argv);
    //4.调用 spin 函数,并传入对象指针
    rclcpp::spin(std::make_shared<TurtleFrameBroadcaster>());
    //5.释放资源
    rclcpp::shutdown();
    return 0;
}
```

3. 编写乌龟跟随(C++)坐标变换监听的实现

在功能包 cpp05_exercise 的 src 目录下,新建 C++ 文件 exer03_tf_listener.cpp,并编辑文件,输入如下内容:

```
/*
    需求:广播坐标系消息,生成 turtle2 相对于 turtle1 的坐标系数据,并进一步生成控制
        turtle2 运动的速度指令。
    步骤:
        1.包含头文件
        2.初始化 ROS2 客户端
        3.定义节点类
            3-1.声明并解析参数
```

乌龟跟随
(C++)_05
坐标变换
监听上

乌龟跟随
(C++)_06
坐标变换
监听下

```
    3-2.创建tf缓存对象指针
    3-3.创建tf监听器
    3-4.按照条件查找符合条件的坐标系并生成变换后的坐标帧
    3-5.生成turtle2的速度指令,并发布
  4.调用spin函数,并传入对象指针
  5.释放资源
*/
#include "rclcpp/rclcpp.hpp"
#include "tf2_ros/transform_listener.h"
#include "tf2_ros/buffer.h"
#include "tf2/LinearMath/Quaternion.h"
#include "geometry_msgs/msg/twist.hpp"

using namespace std::chrono_literals;

//3.定义节点类
class TurtleFrameListener : public rclcpp::Node {
public:
  TurtleFrameListener():Node("turtle_frame_listener"){
    //3-1.声明并解析参数
    this->declare_parameter("target_frame","turtle2");
    this->declare_parameter("source_frame","turtle1");
    target_frame = this->get_parameter("target_frame").as_string();
    source_frame = this->get_parameter("source_frame").as_string();

    //3-2.创建tf缓存对象指针
    tf_buffer_ = std::make_unique<tf2_ros::Buffer>(this->get_clock());
    //3-3.创建tf监听器
    transform_listener_ = std::make_shared<tf2_ros::TransformListener>(*tf_buffer_);
    twist_pub_ = this->create_publisher<geometry_msgs::msg::Twist>(target_frame + "/cmd_vel",10);
    timer_ = this->create_wall_timer(1s, std::bind(&TurtleFrameListener::on_timer,this));
  }

private:
  void on_timer(){
    //3-4.按照条件查找符合条件的坐标系并生成变换后的坐标帧
    geometry_msgs::msg::TransformStamped transformStamped;
    try
    {
      transformStamped = tf_buffer_->lookupTransform(target_frame, source_frame,tf2::TimePointZero);
    }
    catch(const tf2::LookupException& e)
    {
      RCLCPP_INFO(this->get_logger(),"坐标变换异常:%s",e.what());
      return;
```

```cpp
        }
        //3-5.生成 turtle2 的速度指令,并发布
        geometry_msgs::msg::Twist msg;
        static const double scaleRotationRate = 1.0;
        msg.angular.z = scaleRotationRate * atan2(
            transformStamped.transform.translation.y,
            transformStamped.transform.translation.x);

        static const double scaleForwardSpeed = 0.5;
        msg.linear.x = scaleForwardSpeed * sqrt(
            pow(transformStamped.transform.translation.x, 2) +
            pow(transformStamped.transform.translation.y, 2));

        twist_pub_->publish(msg);

    }
    rclcpp::Publisher<geometry_msgs::msg::Twist>::SharedPtr twist_pub_;
    rclcpp::TimerBase::SharedPtr timer_;
    std::shared_ptr<tf2_ros::TransformListener> transform_listener_;
    std::unique_ptr<tf2_ros::Buffer> tf_buffer_;
    std::string target_frame_;
    std::string source_frame_;
};

int main(int argc, char const * argv[])
{
    //2.初始化 ROS2 客户端
    rclcpp::init(argc,argv);
    //4.调用 spin 函数,并传入对象指针
    rclcpp::spin(std::make_shared<TurtleFrameListener>());
    //5.释放资源
    rclcpp::shutdown();
    return 0;
}
```

4. 编写乌龟跟随实现(C++)launch 文件

在 launch 目录下新建文件 exer01_turtle_follow.launch.py,并编辑文件,输入如下内容:

```python
from launch import LaunchDescription
from launch_ros.actions import Node
from launch.actions import DeclareLaunchArgument
from launch.substitutions import LaunchConfiguration


def generate_launch_description():
    #声明参数
    turtle1 = DeclareLaunchArgument(name="turtle1",default_value="turtle1")
    turtle2 = DeclareLaunchArgument(name="turtle2",default_value="turtle2")
    #启动 turtlesim_node 节点
```

```python
    turtlesim_node = Node(package="turtlesim", executable="turtlesim_node",
name="t1")
    #生成一只新乌龟
    spawn = Node(package="cpp05_exercise", executable="exer01_tf_spawn",
                 name="spawn1",
                 parameters=[{"turtle_name":LaunchConfiguration("turtle2")}]
    )
    #tf 广播
    tf_broadcaster1 = Node(package="cpp05_exercise",executable="exer02_tf_
                           broadcaster",name="tf_broadcaster1")
    tf_broadcaster2 = Node(package="cpp05_exercise",executable="exer02_tf_
                           broadcaster",name="tf_broadcaster1",
                           parameters=[{"turtle_name":LaunchConfiguration
                           ("turtle2")}])
    #tf 监听
    tf_listener = Node(package="cpp05_exercise",executable="exer03_tf_
                       listener",name="tf_listener",
parameters=[{"target_frame":LaunchConfiguration
("turtle2"),"source_frame":LaunchConfiguration("turtle1")}]
                       )
    return
LaunchDescription([turtle1,turtle2,turtlesim_node,spawn,tf_broadcaster1,tf_
broadcaster2,tf_listener])
```

5. 编辑乌龟跟随实现（C++）的配置文件

(1) 编辑 package.xml

在创建功能包时，所依赖的功能包已经自动配置了，配置内容如下：

```xml
<depend>rclcpp</depend>
<depend>tf2</depend>
<depend>tf2_ros</depend>
<depend>geometry_msgs</depend>
<depend>turtlesim</depend>
```

(2) 编辑 CMakeLists.txt

CMakeLists.txt 中发布和订阅程序的核心配置如下：

```cmake
# find dependencies
find_package(ament_cmake REQUIRED)
find_package(rclcpp REQUIRED)
find_package(tf2 REQUIRED)
find_package(tf2_ros REQUIRED)
find_package(geometry_msgs REQUIRED)
find_package(turtlesim REQUIRED)

add_executable(exer01_tf_spawn src/exer01_tf_spawn.cpp)
ament_target_dependencies(
  exer01_tf_spawn
  "rclcpp"
  "tf2"
```

```
  "tf2_ros"
  "geometry_msgs"
  "turtlesim"
)

add_executable(exer02_tf_broadcaster src/exer02_tf_broadcaster.cpp)
ament_target_dependencies(
  exer02_tf_broadcaster
  "rclcpp"
  "tf2"
  "tf2_ros"
  "geometry_msgs"
  "turtlesim"
)

add_executable(exer03_tf_listener src/exer03_tf_listener.cpp)
ament_target_dependencies(
  exer03_tf_listener
  "rclcpp"
  "tf2"
  "tf2_ros"
  "geometry_msgs"
  "turtlesim"
)

install(TARGETS
  exer01_tf_spawn
  exer02_tf_broadcaster
  exer03_tf_listener
  DESTINATION lib/${PROJECT_NAME})

install(DIRECTORY launch
  DESTINATION share/${PROJECT_NAME}
)
```

6. 编译

终端中进入当前工作空间,编译功能包:

```
colcon build --packages-select cpp05_exercise
```

7. 执行

当前工作空间下启动终端,输入如下命令运行 launch 文件:

```
. install/setup.bash
ros2 launch cpp05_exercise exer01_turtle_follow.launch.py
```

再新建终端,启动 turtlesim 键盘控制节点:

```
ros2 run turtlesim turtle_teleop_key
```

该终端下可以通过键盘控制 turtle1 运动,并且 turtle2 会跟随 turtle1 运动。

5.6.3 乌龟跟随的实现(Python)

乌龟跟随
(C++)_07
小结以及
优化

1. 编写乌龟跟随(Python)生成新乌龟的实现

在功能包 py05_exercise 的 py05_exercise 目录下,新建 Python 文件 exer01_tf_spawn_py.py,并编辑文件,输入如下内容:

乌龟跟随
(Python)_01
生成乌龟上

```python
"""
    需求:编写客户端,发送请求生成一只新乌龟。

    步骤:
        1.导包
        2.初始化 ROS2 客户端
        3.定义节点类
          3-1.声明并获取参数
          3-2.创建客户端
          3-3.等待服务连接
          3-4.组织请求数据并发送
        4.创建对象调用其功能,并处理响应
        5.释放资源
"""
#1.导包
import rclpy
from rclpy.node import Node
from turtlesim.srv import Spawn

#3.定义节点类
class TurtleSpawnClient(Node):

    def __init__(self):
        super().__init__('turtle_spawn_client_py')

        #3-1.声明并获取参数
        self.x = self.declare_parameter("x",2.0)
        self.y = self.declare_parameter("y",2.0)
        self.theta = self.declare_parameter("theta",0.0)
        self.turtle_name = self.declare_parameter("turtle_name","turtle2")

        #3-2.创建客户端
        self.cli = self.create_client(Spawn, '/spawn')
        #3-3.等待服务连接
        while not self.cli.wait_for_service(timeout_sec=1.0):
            self.get_logger().info('服务连接中,请稍候...')
        self.req = Spawn.Request()

    #3-4.组织请求数据并发送
    def send_request(self):
        self.req.x = self.get_parameter("x").get_parameter_value().double_value
```

```python
        self.req.y = self.get_parameter("y").get_parameter_value().double_value
        self.req.theta = self.get_parameter("theta").get_parameter_value().double_value
        self.req.name = self.get_parameter("turtle_name").get_parameter_value().string_value
        self.future = self.cli.call_async(self.req)


def main():
    #2.初始化 ROS2 客户端
    rclpy.init()

    #4.创建对象并调用其功能
    client = TurtleSpawnClient()
    client.send_request()

    #处理响应
    rclpy.spin_until_future_complete(client,client.future)
    try:
        response = client.future.result()
    except Exception as e:
        client.get_logger().info(
            '服务请求失败：%r' % e)
    else:
        if len(response.name) == 0:
            client.get_logger().info(
                '乌龟重名了,创建失败！')
        else:
            client.get_logger().info(
                '乌龟%s 被创建' % response.name)

    #5.释放资源
    rclpy.shutdown()


if __name__ == '__main__':
    main()
```

2. 编写乌龟跟随（Python）坐标变换广播的实现

在功能包 py05_exercise 的 py05_exercise 目录下，新建 Python 文件 exer02_tf_broadcaster_py.py，并编辑文件，输入如下内容：

```
"""
需求:发布乌龟坐标系到窗口坐标系的坐标变换。
步骤：
    1.导包
    2.初始化 ROS2 客户端
    3.定义节点类
        3-1.声明并解析乌龟名称参数
```

            3-2.创建动态坐标变换发布方
            3-3.创建乌龟位姿订阅方
            3-4.根据订阅到的乌龟位姿生成坐标帧并广播
        4.调用 spin 函数,并传入对象指针
        5.释放资源

"""
#1.导包
from geometry_msgs.msg import TransformStamped
import rclpy
from rclpy.node import Node
from tf2_ros import TransformBroadcaster
import tf_transformations
from turtlesim.msg import Pose

#3.定义节点类
class TurtleFrameBroadcaster(Node):

    def __init__(self):
        super().__init__('turtle_frame_broadcaster_py')
        #3-1.声明并解析乌龟名称参数
        self.declare_parameter('turtle_name', 'turtle1')
        self.turtlename = self.get_parameter('turtle_name').get_parameter_value().string_value

        #3-2.创建动态坐标变换发布方
        self.br = TransformBroadcaster(self)

        #3-3.创建乌龟位姿订阅方
        self.subscription = self.create_subscription(
            Pose,
            self.turtlename+ '/pose',
            self.handle_turtle_pose,
            1)
        self.subscription

    def handle_turtle_pose(self, msg):
        #3-4.根据订阅到的乌龟位姿生成坐标帧并广播
        t = TransformStamped()

        t.header.stamp = self.get_clock().now().to_msg()
        t.header.frame_id = 'world'
        t.child_frame_id = self.turtlename

        t.transform.translation.x = msg.x
        t.transform.translation.y = msg.y
        t.transform.translation.z = 0.0

        q = tf_transformations.quaternion_from_euler(0, 0, msg.theta)
        t.transform.rotation.x = q[0]
```
```

```
            t.transform.rotation.y = q[1]
            t.transform.rotation.z = q[2]
            t.transform.rotation.w = q[3]

            self.br.sendTransform(t)

def main():
    #2.初始化 ROS2 客户端
    rclpy.init()
    #4.调用 spin 函数,并传入对象指针
    node = TurtleFrameBroadcaster()
    try:
        rclpy.spin(node)
    except KeyboardInterrupt:
        pass
    #5.释放资源
    rclpy.shutdown()
```

3. 编写乌龟跟随(Python)坐标变换监听的实现

在功能包 py05_exercise 的 py05_exercise 目录下,新建 Python 文件 exer03_tf_listener_py.py,并编辑文件,输入如下内容:

乌龟跟随
(Python)_04
坐标变换
监听

```
"""
    需求:广播坐标系消息,并生成 turtle2 相对于 turtle1 的坐标系数据,并进一步生成控制
        turtle2 运动的速度指令。
    步骤:
        1.导包
        2.初始化 ROS2 客户端
        3.定义节点类
            3-1.声明并解析参数
            3-2.创建 tf 缓存对象指针
            3-3.创建 tf 监听器
            3-4.按照条件查找符合条件的坐标系并生成变换后的坐标帧
            3-5.生成 turtle2 的速度指令,并发布
        4.调用 spin 函数,并传入对象指针
        5.释放资源

"""
#1.导包
import math
from geometry_msgs.msg import Twist
import rclpy
from rclpy.node import Node
from tf2_ros import TransformException
from tf2_ros.buffer import Buffer
from tf2_ros.transform_listener import TransformListener

#3.定义节点类
class TurtleFrameListener(Node):
```

```python
    def __init__(self):
        super().__init__('turtle_frame_listener_py')
        #3-1.声明并解析参数
        self.declare_parameter('target_frame', 'turtle2')
        self.declare_parameter('source_frame', 'turtle1')
        self.target_frame = self.get_parameter('target_frame').get_parameter_value().string_value
        self.source_frame = self.get_parameter('source_frame').get_parameter_value().string_value

        #3-2.创建tf缓存对象指针
        self.tf_buffer = Buffer()
        #3-3.创建tf监听器
        self.tf_listener = TransformListener(self.tf_buffer, self)
        self.publisher = self.create_publisher(Twist, self.target_frame + '/cmd_vel', 1)

        self.timer = self.create_timer(1.0, self.on_timer)

    def on_timer(self):
        #3-4.按照条件查找符合条件的坐标系并生成变换后的坐标帧
        try:
            now = rclpy.time.Time()
            trans = self.tf_buffer.lookup_transform(
                self.target_frame,
                self.source_frame,
                now)
        except TransformException as ex:
            self.get_logger().info(
                '%s 到 %s 坐标变换异常！' % (self.source_frame, self.target_frame))
            return

        #3-5.生成turtle2的速度指令,并发布
        msg = Twist()
        scale_rotation_rate = 1.0
        msg.angular.z = scale_rotation_rate * math.atan2(
            trans.transform.translation.y,
            trans.transform.translation.x)

        scale_forward_speed = 0.5
        msg.linear.x = scale_forward_speed * math.sqrt(
            trans.transform.translation.x ** 2 +
            trans.transform.translation.y ** 2)

        self.publisher.publish(msg)

def main():
    #2.初始化ROS2客户端
    rclpy.init()
```

```
#4.调用 spin 函数,并传入对象指针
node = TurtleFrameListener()
try:
    rclpy.spin(node)
except KeyboardInterrupt:
    pass

#5.释放资源
rclpy.shutdown()
```

4. 编写乌龟跟随实现(Python)launch 文件

在 launch 目录下新建文件 exer01_turtle_follow.launch.xml,并编辑文件,输入如下内容:

```xml
<launch>
    <!-- 乌龟准备 -->
    <node pkg="turtlesim" exec="turtlesim_node" name="t1" />
    <node pkg="py05_exercise" exec="exer01_tf_spawn_py" name="t2" />
    <!-- 发布坐标变换 -->
    <node pkg="py05_exercise" exec="exer02_tf_broadcaster_py" name="tf_broadcaster1_py">
    </node>
    <node pkg="py05_exercise" exec="exer02_tf_broadcaster_py" name="tf_broadcaster2_py">
        <param name="turtle_name" value="turtle2" />
    </node>
    <!-- 监听坐标变换 -->
    <node pkg="py05_exercise" exec="exer03_tf_listener_py" name="tf_listener_py">
        <param name="target_frame" value="turtle2" />
        <param name="source_frame" value="turtle1" />
    </node>
</launch>
```

5. 编辑乌龟跟随实现(Python)的配置文件

(1) 编辑 package.xml

在创建功能包时,所依赖的功能包已经自动配置了,配置内容如下:

```xml
<depend>rclpy</depend>
<depend>tf_transformations</depend>
<depend>tf2_ros</depend>
<depend>geometry_msgs</depend>
<depend>turtlesim</depend>
```

(2) 编辑 setup.py

在 entry_points 字段的 console_scripts 中添加如下内容:

```python
entry_points={
    'console_scripts': [
```

```
            'exer01_tf_spawn_py = py05_exercise.exer01_tf_spawn_py:main',
            'exer02_tf_broadcaster_py = py05_exercise.exer02_tf_broadcaster_py:main',
            'exer03_tf_listener_py = py05_exercise.exer03_tf_listener_py:main'
        ],
    },
```

6. 编译

终端中进入当前工作空间,编译功能包:

```
colcon build --packages-select py05_exercise
```

7. 执行

当前工作空间下启动终端,输入如下命令运行 launch 文件:

```
. install/setup.bash
ros2 launch py05_exercise exer01_turtle_follow.launch.xml
```

新建终端,启动 turtlesim 键盘控制节点:

```
ros2 run turtlesim turtle_teleop_key
```

该终端下可以通过键盘控制 turtle1 运动,并且 turtle2 会跟随 turtle1 运动。

乌龟护航_案例分析

5.6.4 乌龟护航案例需求及分析

1. 乌龟护航案例需求

生成多只乌龟,以 turtlesim_node 的原生乌龟(turtle1)为中心,无论 turtle1 静止还是运动,都以某种队形为 turtle1 护航,如图 5-16 所示。

2. 乌龟护航案例分析

"乌龟护航"案例的核心还是坐标变换,如果要围绕 turtle1 组成某个固定队形,那么可以把队形中每个点位看作一个坐标系,这些坐标系相对于 turtle1 坐标系的关系是静态的,可以通过静态广播器发布这些点与 turtle1 的坐标系关系,发布后在整个坐标系关系树中,点坐标系到 turtle1 坐标系、turtle1 坐标系到 world 坐标系、护航的乌龟坐标系到 world 坐标系的关系都是已知的,因此可以换算出护航的乌龟坐标系与其对应的点坐标系的相对关系,进而可以计算并发布控制护航乌龟运动的速度指令。

3. 乌龟护航流程简介

本案例中生成新的乌龟、坐标变换广播与监听都已实现,直接编写 launch 文件组织节点即可,主要步骤如下:

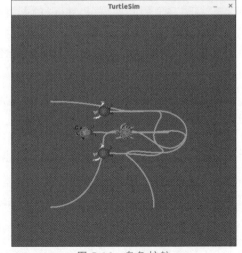

图 5-16 乌龟护航

(1) 编写 launch 文件集成相关节点；

(2) 编译；

(3) 执行。

案例我们会采用 C++ 和 Python 分别实现，二者都遵循上述实现流程。

5.6.5 乌龟护航的实现（C++）

1. 编写乌龟护航实现（C++）launch 文件

在功能包 cpp05_exercise 的 launch 目录下新建文件 exer02_turtle_escort.launch.py，并编辑文件，输入如下内容：

乌龟护航
launch_
Python01
护航上

```python
from launch import LaunchDescription
from launch_ros.actions import Node
from launch.actions import ExecuteProcess, DeclareLaunchArgument
from launch.substitutions import LaunchConfiguration

def spawn(node_name,x=2.0,y=2.0,theta=0.0,turtle_name="turtle2"):
  return Node(package="cpp05_exercise", executable="exer01_tf_spawn",
          name=node_name,
           parameters=[{"x":x,"y":y,"theta":theta,"turtle_name":turtle_name}])

def tf_broadcaster(node_name,turtle_name="turtle1"):
  return Node(package="cpp05_exercise",executable="exer02_tf_broadcaster",
          name=node_name,
          parameters=[{"turtle_name":turtle_name}])

def escort(node_name,x="0.0",y="0.0",frame_id="turtle1",child_frame_id="escort1"):
  return Node(package="tf2_ros",executable="static_transform_publisher",
          name=node_name,
           arguments=["--x",x,"--y",y,"--frame-id",frame_id,"--child-frame-id",child_frame_id]
          )
def tf_listener(node_name,target_frame,source_frame):
  return Node(package="cpp05_exercise",executable="exer03_tf_listener",
          name=node_name,
          parameters=[{"target_frame":target_frame,"source_frame":source_frame}]
          )
def generate_launch_description():

    #启动 turtlesim_node 节点
    turtlesim_node = Node(package="turtlesim", executable="turtlesim_node",name="t1")
    #生成一只新乌龟
    spawn1 = spawn(node_name="spawn1")
    spawn2 = spawn(node_name="spawn2",x=2.0,y=7.0,turtle_name="turtle3")
```

乌龟护航
launch_
Python02
护航中

乌龟护航 launch_Python03 护航下

```python
        spawn3 = spawn(node_name="spawn3",x=7.0,y=2.0,theta=1.57,turtle_name="turtle4")
    #tf 广播
    tf_broadcaster1 = tf_broadcaster(node_name="tf_broadcaster1")
    tf_broadcaster2 = tf_broadcaster(node_name="tf_broadcaster2",turtle_name="turtle2")
    tf_broadcaster3 = tf_broadcaster(node_name="tf_broadcaster3",turtle_name="turtle3")
    tf_broadcaster4 = tf_broadcaster(node_name="tf_broadcaster4",turtle_name="turtle4")

    escort1 = escort(node_name="static_transform_publisher1",x="-1")
    escort2 = escort(node_name="static_transform_publisher2",y="1",child_frame_id="escort2")
    escort3 = escort(node_name="static_transform_publisher3",y="-1",child_frame_id="escort3")

    #tf 监听
    tf_listener1 = tf_listener(node_name="tf_listener1",target_frame="turtle2",source_frame="escort1")
    tf_listener2 = tf_listener(node_name="tf_listener2",target_frame="turtle3",source_frame="escort2")
    tf_listener3 = tf_listener(node_name="tf_listener3",target_frame="turtle4",source_frame="escort3")

    return LaunchDescription([turtlesim_node,spawn1,spawn2,spawn3,
        tf_broadcaster1,tf_broadcaster2,tf_broadcaster3,tf_broadcaster4,
        escort1,escort2,escort3,
        tf_listener1,tf_listener2,tf_listener3
    ])
```

2. 编译

终端中进入当前工作空间,编译功能包:

```
colcon build --packages-select cpp05_exercise
```

3. 执行

当前工作空间下启动终端,输入如下命令运行 launch 文件:

```
. install/setup.bash
ros2 launch cpp05_exercise exer02_turtle_escort.launch.py
```

此时窗口中会新生成三只乌龟,向原生乌龟 turtle1 运动,并会组成固定队形。

新建终端,启动 turtlesim 键盘控制节点:

```
ros2 run turtlesim turtle_teleop_key
```

该终端下可以通过键盘控制 turtle1 运动,并且护航的乌龟会按照特定队形跟随

turtle1 运动。

5.6.6 乌龟护航的实现(Python)

1. 编写乌龟护航实现(Python)launch 文件

在功能包 py05_exercise 的 launch 目录下新建文件 exer02_turte_escort.launch.xml,并编辑文件,输入如下内容:

乌龟护航
launch_xml
实现

```
<launch>
    <!-- 乌龟准备 -->
    <node pkg="turtlesim" exec="turtlesim_node" name="t1" />
    <node pkg="py05_exercise" exec="exer01_tf_spawn_py" name="t2" />
    <node pkg="py05_exercise" exec="exer01_tf_spawn_py" name="t3" >
        <param name="turtle_name" value="turtle3"/>
        <param name="x" value="2.0"/>
        <param name="y" value="8.0"/>
    </node>
    <node pkg="py05_exercise" exec="exer01_tf_spawn_py" name="t4" >
        <param name="turtle_name" value="turtle4"/>
        <param name="x" value="8.0"/>
        <param name="y" value="2.0"/>
    </node>
    <!-- 发布坐标变换 -->
    < node pkg = " py05_exercise" exec = " exer02_tf_broadcaster_py" name = " tf_broadcaster1_py">
    </node>
    < node pkg = " py05_exercise" exec = " exer02_tf_broadcaster_py" name = " tf_broadcaster2_py">
        <param name="turtle_name" value="turtle2" />
    </node>
    < node pkg = " py05_exercise" exec = " exer02_tf_broadcaster_py" name = " tf_broadcaster3_py">
        <param name="turtle_name" value="turtle3" />
    </node>
    < node pkg = " py05_exercise" exec = " exer02_tf_broadcaster_py" name = " tf_broadcaster4_py">
        <param name="turtle_name" value="turtle4" />
    </node>
    <!-- 发布乌龟目标坐标 -->
    <node pkg="tf2_ros" exec="static_transform_publisher" name="goal_tf1" args="--x -1 --frame-id turtle1 --child-frame-id goal1"/>
    <node pkg="tf2_ros" exec="static_transform_publisher" name="goal_tf2" args="--y 1 --frame-id turtle1 --child-frame-id goal2"/>
    <node pkg="tf2_ros" exec="static_transform_publisher" name="goal_tf3" args="--y -1 --frame-id turtle1 --child-frame-id goal3"/>
    <!-- 监听坐标变换 -->
    <node pkg="py05_exercise" exec="exer03_tf_listener_py" name="tf_listener_py1">
        <param name="target_frame" value="turtle2" />
        <param name="source_frame" value="goal1" />
```

```xml
        </node>
        <node pkg="py05_exercise" exec="exer03_tf_listener_py" name="tf_listener_py2">
            <param name="target_frame" value="turtle3" />
            <param name="source_frame" value="goal2" />
        </node>
        <node pkg="py05_exercise" exec="exer03_tf_listener_py" name="tf_listener_py3">
            <param name="target_frame" value="turtle4" />
            <param name="source_frame" value="goal3" />
        </node>
</launch>
```

2. 编译

终端中进入当前工作空间，编译功能包：

```
colcon build --packages-select py05_exercise
```

3. 执行

当前工作空间下启动终端，输入如下命令运行 launch 文件：

```
. install/setup.bash
ros2 launch py05_exercise exer02_turtle_escort.launch.xml
```

此时窗口中会新生成三只乌龟，向原生乌龟 turtle1 运动，并会组成固定队形。

新建终端，启动 turtlesim 键盘控制节点：

```
ros2 run turtlesim turtle_teleop_key
```

该终端下可以通过键盘控制 turtle1 运动，并且护航的乌龟会按照特定队形跟随 turtle1 运动。

本章小结

◆ 5.7 本章小结

本章主要介绍了 ROS2 工具中的一个重要模块：坐标变换。核心内容如下。
- 坐标变换相关消息：geometry_msgs/msg/TransformStamped 和 geometry_msgs/msg/PointStamped。
- 坐标变换广播：静态广播、动态广播和坐标点发布。
- 坐标变换监听：坐标系变换、坐标点变换。

坐标变换本质还是消息的发布与订阅，所以其框架与话题通信类似，也是由接口消息、发布方（广播）、订阅方（监听）三个要素组成的。与一般的话题通信不同的是，一般话题通信的消息发布方之间是孤立的、没有内在联系，而坐标变换的多个广播对象广播的消息需要被保存进"缓存"，这些消息可以通过坐标系 id 和时间戳关联到一起，然后监听对象则可以通过这些内在关联处理缓存中的数据。除此之外，本章还介绍了坐标变换中一些比较实用的工具，并且通过"乌龟跟随"与"乌龟护航"案例强化了坐标变换相关 API 的使用。

第 6 章 ROS2 工具之可视化

本章导论

机器人系统运行之后,调用者应该如何与机器人交互呢?机器人还会产生诸多数据,例如里程计、激光雷达、imu、GPS、导航规划的路径、自身实际的运行轨迹等各种消息,这些消息对于调用者而言是肉眼不可见的,那么应该如何转换成"可视化"的数据,让调用者可以机器人的视角看世界呢?另外,人机交互过程中,机器人模型也是"可视化"的重要一环,在 ROS2 中如何实现机器人建模呢?针对上述问题,本章将会逐一给出解答。

ROS2 工具之可视化_引言

◆ 6.1 可视化简介

可视化简介_场景、概念与作用

1. 可视化工具的适用场景

对于机器人操作系统而言,无论是程序的开发、调试还是项目的最终落地应用,人机交互在其中都占有举足轻重的地位,是最重要的功能模块之一。所谓人机交互是指人与计算机之间的数据交换,具体到机器人领域,调用者会给机器人下达一些指令,反之机器人也会给调用者反馈一些信息,这是一种数据双向传输的过程,比如以机器人导航为例:

(1)调用者可以给机器人下发导航的目的地、途径点等数据;

(2)机器人则会给调用者反馈当前机器人模型、导航规划的路径、车辆里程计、雷达采集的障碍物信息、图像信息等数据。

那么在人机交互的过程中,应该以何种方式实现数据交换呢?按照之前的介绍,我们可以在终端启动程序时下发数据,程序运行中通过命令行工具来获取机器人发布的数据,这也是前面程序开发调试时我们普遍采用的一种方式,但是这种人机交互的方式不够直观,尤其面向一般用户时更是不够"友善",一种理想的策略应该是使用图形化的方式实现人机交互。正是基于这种考量,在 ROS2 中提供了 rviz2 这一图形化用户接口,通过该接口调用者可以一种"可视化"的方式与机器人交互。

2. 可视化概念

rviz 是 ROS Visualization Tool 的缩写,直译为 ROS 的可视化工具。它的主要目的是以三维方式显示 ROS 消息,可以将数据进行可视化表达。例如可以显示机器人模型、激光雷达数据、三维点云数据、从相机获取的图像值等。

机器人建模也是可视化实现中比较重要的一部分内容，ROS2 中的建模是由 urdf 实现的。

urdf 是 Unified Robot Description Format 的缩写，直译为统一（标准化）机器人描述格式，可以一种 XML 的方式描述机器人的部分结构，例如底盘、摄像头、激光雷达、机械臂以及不同关节的自由度等，该文件可以被 C++ 内置的解释器转换成 rviz 或仿真环境中的可视化机器人模型。

3. 可视化的作用

毋庸置疑，"可视化"的人机交互方式更方便、快捷、美观大方，可以大大提高程序的开发、调试效率，并且对于非专业人员而言也更加友好。

6.2 rviz2 的基本使用

rviz2 基本使用 01_安装、启动以及界面布局

6.2.1 rviz2 的安装

以 sudo apt install ros-[ROS_DISTRO]-desktop 格式安装 ROS2 时，rviz 已经默认被安装了。

如果 rviz 没有安装，请调用如下命令自行安装：

```
sudo apt install ros-[ROS_DISTRO]-rviz2
```

备注：命令中的[ROS_DISTRO]指代 ROS2 版本。

6.2.2 rviz2 的启动

rviz2 的启动方式比较简单，常用启动命令有两种。

方式 1：rviz2；

方式 2：ros2 run rviz2 rviz2。

6.2.3 rviz2 的界面布局

rviz2 启动之后，默认界面如图 6-1 所示。

（1）上部为工具栏：包括视角控制、预估位姿设置、目标设置等，我们还可以添加自定义插件。

（2）左侧为插件显示区：包括添加、删除、复制、重命名插件，显示插件以及设置插件属性等功能。

（3）中间为 3D 视图显示区：以可视化的方式显示添加的插件信息。

（4）右侧为观测视角设置区：可以设置不同的观测视角。

（5）下侧为时间显示区：包括系统时间和 ROS 时间。

左侧插件显示区默认有两个插件，如图 6-2 所示。

- Global Options：该插件用于设置全局显示相关的参数，一般情况下，需要自行设置的是 Fixed Frame 选项，该选项是其他所有数据在可视化显示时所参考的全局坐标系。

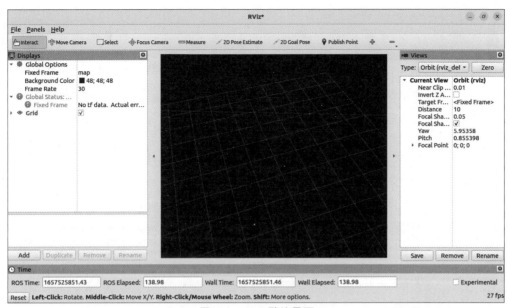

图 6-1 rviz2 默认界面

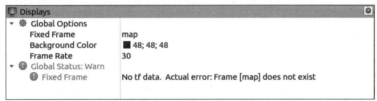

图 6-2 默认插件的界面

- Global Status：该插件用于显示在 Global Options 设置完 Fixed Frame 之后，所有的坐标变换是否正常。

6.2.4 rviz2 中的预定义插件

在 rviz2 中已经预定义了一些插件，这些插件的名称、功能以及订阅的消息类型如表 6-1 所示。

rviz2 基本使用 02_插件以及配置文件

表 6-1 rviz2 中预定义的插件

名　　称	功　　能	消　息　类　型
Axes	显示 rviz2 默认的坐标系	—
Camera	显示相机图像，必须需要使用消息：CameraInfo	sensor_msgs/msg/Image，sensor_msgs/msg/CameraInfo
Grid	显示以参考坐标系原点为中心的网格	—
Grid Cells	从网格中绘制单元格，通常是导航堆栈中成本地图中的障碍物	nav_msgs/msg/GridCells
Image	显示相机图像，但是和 Camera 插件不同，它不需要使用 CameraInfo 消息	sensor_msgs/msg/Image

续表

名 称	功 能	消息类型
InteractiveMarker	显示来自一个或多个交互式标记服务器的 3D 对象，并允许与它们进行鼠标交互	visualization_msgs/msg/InteractiveMarker
Laser Scan	显示激光雷达数据	sensor_msgs/msg/LaserScan
Map	显示地图数据	nav_msgs/msg/OccupancyGrid
Markers	允许开发者通过主题显示任意原始形状的几何体	visualization_msgs/msg/Marker, visualization_msgs/msg/MarkerArray
Path	显示机器人导航中的路径相关数据	nav_msgs/msg/Path
PointStamped	以小球的形式绘制一个点	geometry_msgs/msg/PointStamped
Pose	以箭头或坐标轴的方式绘制位姿	geometry_msgs/msg/PoseStamped
Pose Array	绘制一组 Pose	geometry_msgs/msg/PoseArray
Point Cloud2	绘制点云数据	sensor_msgs/msg/PointCloud, sensor_msgs/msg/PointCloud2
Polygon	将多边形的轮廓绘制为线	geometry_msgs/msg/Polygon
Odometry	显示随着时间推移累计的里程计消息	nav_msgs/msg/Odometry
Range	显示表示来自声呐或红外距离传感器的距离测量值的圆锥	sensor_msgs/msg/Range
RobotModel	显示机器人模型	—
TF	显示 tf 变换层次结构	
Wrench	将 geometry_msgs/WrenchStamped 消息显示为表示力的箭头和表示扭矩的箭头加圆圈	geometry_msgs/msg/WrenchStamped
Oculus	将 rviz 场景渲染到 Oculus 头戴设备	—
InteractiveMarker	显示来自一个或多个交互式标记服务器的 3D 对象，并允许与它们进行鼠标交互	visualization_msgs/msg/InteractiveMarker
Laser Scan	显示激光雷达数据	sensor_msgs/msg/LaserScan
Map	显示地图数据	nav_msgs/msg/OccupancyGrid
Markers	允许开发者通过主题显示任意原始形状的几何体	visualization_msgs/msg/Marker, visualization_msgs/msg/MarkerArray

上述每一种插件又包含了诸多属性，可以通过设置插件属性来控制插件的最终显示效果。

6.2.5 rviz2 的插件示例

图 6-3 是关于 rviz2 插件使用的示例，在该示例中 rviz2 集成了 TF、Laser Scan、Image 等插件，通过这些插件我们可以将一些肉眼不可见的数据以可视化的方式展现出来，以机器人的视角来看世界。

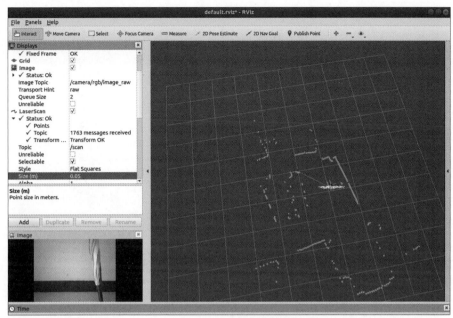

图 6-3　rviz2 插件界面

6.3　rviz2 集成 urdf 的基本流程

在 rviz2 中如何显示机器人模型呢？前面已经简单介绍过：urdf 是一种机器人建模文件，rviz2 可以按照该文件渲染出图形化的机器人模型。换言之，rviz2 必须集成 urdf 文件才能显示机器人模型，本节将主要介绍二者集成的基本实现流程。

6.3.1　rviz2 集成 urdf 案例需求及分析

1. rviz2 集成 urdf 案例需求

在 rviz2 中显示一个简单的盒状机器人，如图 6-4 所示。

rviz2 集成 urdf_基本流程_案例分析

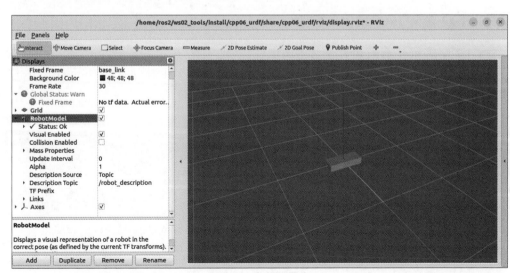

图 6-4　盒状机器人

2. rviz2 集成 urdf 案例分析

在上述案例中,需要关注的要素有以下三个:

(1) 如何编写 urdf 文件;
(2) 如何加载 urdf 文件到系统;
(3) 如何使用 rviz2 显示机器人模型。

3. rviz2 集成 urdf 流程简介

主要步骤如下:

(1) 编写 urdf 文件;
(2) 编写 launch 文件;
(3) 编辑配置文件;
(4) 编译;
(5) 执行 launch 文件并在 rviz2 中加载机器人模型。

该案例中,C++ 与 Python 实现都遵循上述流程,且大多数实现基本一致,只是在配置文件上稍有差异,本节主要以 C++ 功能包为例演示该实现。

4. rviz2 集成 urdf 的准备工作

(1) 安装所需功能包

调用如下命令,安装案例所需的两个功能包:

```
sudo apt install ros-humble-joint-state-publisher
sudo apt install ros-humble-joint-state-publisher-gui
```

(2) 新建功能包

终端下进入工作空间的 src 目录,调用如下命令创建 C++ 功能包。

```
ros2 pkg create cpp06_urdf --build-type ament_cmake
```

功能包下新建 urdf、rviz、launch、meshes 目录以备用,其中 urdf 目录下再新建子目录 urdf 与 xacro,分别用于存储 urdf 文件和 xacro 文件。

6.3.2 rviz2 集成 urdf 案例的实现

rviz2 集成 urdf_实现_01 框架搭建

1. rviz2 集成 urdf 案例 urdf 文件的实现

在功能包 cpp06_urdf 的 urdf/urdf 目录下,新建 urdf 文件 demo01_helloworld.urdf,并编辑文件,输入如下内容:

```
<!--
    需求:显示一盒状机器人
-->
<robot name="hello_world">
    <link name="base_link">
        <visual>
            <geometry>
                <box size="0.5 0.2 0.1"/>
            </geometry>
```

rviz2 集成 urdf_实现_02urdf 文件

```
        </visual>
    </link>
</robot>
```

2. rviz2 集成 urdf 案例 launch 文件的实现

在功能包 cpp06_urdf 的 launch 目录下,新建 launch 文件 display.launch.py,并编辑文件,输入如下内容:

```python
from launch import LaunchDescription
from launch_ros.actions import Node
import os
from ament_index_python.packages import get_package_share_directory
from launch_ros.parameter_descriptions import ParameterValue
from launch.substitutions import Command,LaunchConfiguration
from launch.actions import DeclareLaunchArgument

#示例: ros2 launch cpp06_urdf display.launch.py model:=`ros2 pkg prefix --share cpp06_urdf`/urdf/urdf/demo01_helloworld.urdf
def generate_launch_description():

    cpp06_urdf_dir = get_package_share_directory("cpp06_urdf")
    default_model_path = os.path.join(cpp06_urdf_dir,"urdf/urdf","demo01_helloworld.urdf")
    default_rviz_path = os.path.join(cpp06_urdf_dir,"rviz","display.rviz")
    model = DeclareLaunchArgument(name="model", default_value=default_model_path)

    #加载机器人模型
    #1.启动 robot_state_publisher 节点并以参数方式加载 urdf 文件
    robot_description = ParameterValue(Command(["xacro ", LaunchConfiguration("model")]))
    robot_state_publisher = Node(
        package="robot_state_publisher",
        executable="robot_state_publisher",
        parameters=[{"robot_description": robot_description}]
    )
    #2.启动 joint_state_publisher 节点发布非固定关节状态
    joint_state_publisher = Node(
        package="joint_state_publisher",
        executable="joint_state_publisher"
    )
    #rviz2 节点
    rviz2 = Node(
        package="rviz2",
        executable="rviz2"
        #arguments=["-d", default_rviz_path]
```

```
        )
        return LaunchDescription([
            model,
            robot_state_publisher,
            joint_state_publisher,
            rviz2
        ])
```

launch 文件启动时,可以通过参数 model 动态传入被加载的 urdf 文件。

3. 编辑 rviz2 集成 urdf 案例的配置文件

(1) 编辑 package.xml

在 package.xml 中需要手动添加一些执行时依赖,核心内容如下:

```
<exec_depend>rviz2</exec_depend>
<exec_depend>xacro</exec_depend>
<exec_depend>robot_state_publisher</exec_depend>
<exec_depend>joint_state_publisher</exec_depend>
<exec_depend>ros2launch</exec_depend>
```

(2) 编辑 CMakeLists.txt

在功能包下,新建了若干目录,需要为这些目录配置安装路径,核心内容如下:

```
install(
  DIRECTORY launch urdf rviz meshes
  DESTINATION share/${PROJECT_NAME}
)
```

4. 编译

终端中进入当前工作空间,编译功能包:

```
colcon build --packages-select cpp06_urdf
```

5. 执行

当前工作空间下,启动终端,输入如下指令:

```
. install/setup.bash
ros2 launch cpp06_urdf display.launch.py
```

然后 rviz2 会启动,启动后做如下配置:

(1) 将 Global Options 中的 Fixed Frame 设置为 base_link(和 urdf 文件中 link 标签的 name 一致);

(2) 添加机器人模型插件,并将参数 Description Topic 的值设置为/robot_description,即可显示机器人模型,如图 6-5 所示。

小提示:在本章的后续案例中,所有实现都遵循上述步骤,在后续案例中我们只需要关注 urdf 实现即可,launch 文件和配置文件无须修改。

rviz2 集成 urdf_实现_07 小结

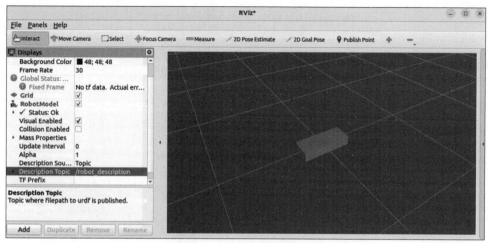

图 6-5　显示机器人模型

6.4　urdf 的使用语法

urdf 文件是一个标准的 xml 文件，在 ROS 中预定义了一系列的标签用于描述机器人模型，机器人模型可能较为复杂，但是 ROS 的 urdf 中机器人的组成却是较为简单的，可以主要简化为两部分：连杆（link 标签）与 关节（joint 标签），本节会介绍这些标签的使用语法，并通过相关案例强化大家对标签的认识，主要标签如下：

（1）robot 标签，这是整个 urdf 文件的根标签。

（2）link 标签，用于描述机器人刚体部分的标签。

（3）joint 标签，是用于连接不同刚体的"关节"。

除了 urdf 的使用语法外，本节还会介绍一些常用的 urdf 工具，通过工具可以验证 urdf 文件是否存在语法或逻辑异常。

6.4.1　urdf 语法 01_robot

1. robot 简介

urdf 中为了保证 xml 语法的完整性，使用了 robot 标签作为根标签，所有的 link 和 joint 以及其他标签都必须包含在 robot 标签内，在该标签内可以通过 name 属性设置机器人模型的名称。

2. robot 属性

name：主文件必须具有名称属性，name 属性在被包含的文件中是可选的。如果在被包含文件中指定了属性名称，则它必须具有与主文件中相同的值。

3. robot 子标签

其他标签都是其子标签。

4. robot 示例

```
<robot name="mycar">
```

```
</robot>
```

6.4.2 urdf 语法 02_link

URDF 语法
02_link_01
简介

1. link 简介

urdf 中的 link 标签用于描述机器人某个部件(即刚体部分)的外观和物理属性,如图 6-6 所示,例如机器人底座、轮子、激光雷达、摄像头等每一个部件都对应一个 link,在 link 标签内,可以设计该部件的形状、尺寸、颜色、惯性矩阵、碰撞参数等一系列属性。

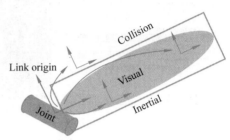

图 6-6 link 模型示意图

2. link 属性

name(必填):为连杆命名。

3. link 子标签

(1) <visual>(可选):用于描述 link 的可视化属性,可以设置 link 的形状(立方体、圆柱、球体等)。

URDF 语法
02_link_02
使用

① name(可选):指定 link 名称,此名称会映射为同名坐标系,还可以通过引用该值定位 link。

② <geometry>(必填):用于设置 link 的形状,例如立方体、球体或圆柱。

- <box>:立方体标签,通过 size 属性设置立方体的边长,原点为其几何中心。
- <cylinder>:圆柱标签,通过 radius 属性设置圆柱半径,通过 length 属性设置圆柱高度,原点为其几何中心。
- <sphere>:球体标签,通过 radius 属性设置球体半径,原点为其几何中心。
- <mesh>:通过属性 filename 引用"皮肤"文件,为 link 设置外观,该文件必须是本地文件。使用 package://<packagename>/<path>为文件名添加前缀。

③ <origin>(可选):用于设置 link 的相对偏移量以及旋转角度,如未指定则使用默认值(无偏移且无旋转)。

- xyz:表示 x、y、z 三个维度上的偏移量(以米为单位),不同数值之间使用空格分隔,如未指定则使用默认值(三个维度无偏移)。
- rpy:表示翻滚、俯仰与偏航的角度(以弧度为单位),不同数值之间使用空格分隔,如未指定则使用默认值(三个维度无旋转)。

④ <material>(可选):视觉元素的材质。也可以在根标签 robot 中定义 material 标签,然后可以在 link 中按名称进行引用。

- name(可选):为 material 指定名称,可以通过该值进行引用。
- <color>(可选):rgba 材质的颜色,由代表 red/green/blue/alpha 的 4 个数字组成,每个数字的范围为[0,1]。
- <texture>(可选):材质的纹理,可以由属性 filename 设置。

(2) <collision>(可选):link 的碰撞属性。可以与 link 的视觉属性一致,也可以不同,例如,我们会通常使用更简单的碰撞模型来减少计算时间,或者设置的值大于 link 的视觉属性,以尽量避免碰撞。另外,同一连接可以存在多个＜collision＞标签实例,多个几何图形组合表示link的碰撞属性。

① name(可选):为collision设置名称。

② ＜geometry＞(必填):请参考visual标签geometry的使用规则。

③ ＜origin＞(可选):请参考visual标签的origin使用规则。

(3) ＜inertial＞(可选):用于设置link的质量、质心位置和中心惯性特性,如果未指定,则默认质量为0,惯性为0。

① ＜origin＞(可选):该位姿(平移、旋转)描述了连接的质心框架C相对于连接框架L的位置和方向。

- xyz:表示从Lo(连接框架原点)到Co(连接的质心)的位置向量为$xL_x+yL_y+zL_z$,其中L_x、L_y、L_z是连接框架L的正交单位向量。
- rpy:将C的单位向量C_x、C_y、C_z相对于连接框架L的方向表示为以弧度为单位的欧拉旋转序列(r p y)。

注意:C_x、C_y、C_z不需要与连杆的惯性主轴对齐。

② ＜mass＞(必填):通过其value属性设置link的质量。

③ ＜inertia＞(必填):对于固定在质心坐标系C中的单位向量C_x、C_y、C_z,该连杆的惯性矩i_{xx}、i_{yy}、i_{zz}以及关于Co(连杆的质心)的惯性矩i_{xy}、i_{xz}、i_{yz}的乘积。

URDF 语法 02_link_02 使用补充

注意:＜collision＞和＜inertial＞在仿真环境下才会使用到,如果只是在rviz2中集成urdf,那么并不是必须为link定义这两个标签。

4. link 示例

(1) 需求

分别生成长方体、圆柱与球体的机器人部件。

(2) 实现

在功能包 cpp06_urdf 的 urdf/urdf 目录下,新建 urdf 文件 demo02_link.urdf,并编辑文件,输入如下内容:

```
<robot name="link_demo">
  <!-- 定义颜色 -->
  <material name="yellow">
    <color rgba="0.7 0.7 0 0.8" />
  </material>
  <link name="base_link">
    <visual>
      <!-- 形状 -->
      <geometry>
        <!-- 长方体的长宽高 -->
        <box size="0.5 0.3 0.1" />
        <!-- 圆柱,半径和长度 -->
        <!-- <cylinder radius="0.5" length="1.0" /> -->
        <!-- 球体,半径 -->
        <!-- <sphere radius="0.3" /> -->
      </geometry>
      <!-- xyz坐标 rpy翻滚俯仰与偏航角度(3.14=180°) -->
```

```
        <origin xyz="0 0 0" rpy="0 0 0" />
        <!-- 调用已定义的颜色 -->
        <material name="yellow"/>
    </visual>
  </link>
</robot>
```

编译后，工作空间终端下调用如下命令执行：

```
ros2 launch cpp06_urdf display.launch.py model:=`ros2 pkg prefix --share cpp06_urdf`/urdf/urdf/demo02_link.urdf
```

rviz2 中可以根据 geometry 标签中的设置显示对应形状的机器人。

6.4.3　urdf 语法 03_joint

URDF 语法 03_joint_01 简介

1. joint 简介

urdf 中的 joint 标签用于描述机器人关节的运动学和动力学属性如图 6-7 所示，还可以指定关节运动的安全极限，机器人的两个部件（分别称为 parent link 与 child link）以"关节"的形式相连接，不同的关节有不同的运动形式：旋转、滑动、固定、旋转速度、旋转角度限制等，例如，安装在底座上的轮子可以 360°旋转，而摄像头则可能是完全固定在底座上。

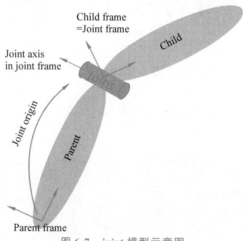

图 6-7　joint 模型示意图

2. joint 属性

（1）name(必填)：为关节命名，名称需要唯一。
（2）type(必填)：设置关节类型，可用类型如下：
continuous：旋转关节，可以绕单轴无限旋转。
revolute：旋转关节，类似于 continues，但是有旋转角度的限制。
prismatic：滑动关节，沿某一轴线移动的关节，有位置极限。
planer：平面关节，允许在平面正交方向上平移或旋转。
floating：浮动关节，允许进行平移、旋转运动。

fixed：固定关节，不允许运动的特殊关节。

3. joint 子标签

(1) <parent>（必填）：指定父级 link。

link（必填）：父级 link 的名字，是这个 link 在机器人结构树中的名字。

(2) <child>（必填）：指定子级 link。

link（必填）：子级 link 的名字，是这个 link 在机器人结构树中的名字。

(3) <origin>（可选）：这是从父 link 到子 link 的转换，关节位于子 link 的原点。

xyz：各轴线上的偏移量。

rpy：各轴线上的偏移弧度。

(4) <axis>（可选）：如不设置，默认值为(1,0,0)。

xyz：用于设置围绕哪个关节轴运动。

(5) <calibration>（可选）：关节的参考位置，用于校准关节的绝对位置。

rising（可选）：当关节向正方向移动时，该参考位置将触发上升沿。

falling（可选）：当关节向正方向移动时，该参考位置将触发下降沿。

(6) <dynamics>（可选）：指定接头物理特性的元素。这些值用于指定关节的建模属性，对仿真较为有用。

damping（可选）：关节的物理阻尼值，默认为 0。

friction（可选）：关节的物理静摩擦值，默认为 0。

(7) <limit>（关节类型是 revolute 或 prismatic 时为必需的）：

lower（可选）：指定关节下限的属性（旋转关节以弧度为单位，棱柱关节以米为单位）。如果关节是连续的，则省略。

upper（可选）：指定关节上限的属性（旋转关节以弧度为单位，棱柱关节以米为单位）。如果关节是连续的，则省略。

effort（必填）：指定关节可受力的最大值。

velocity（必填）：用于设置最大关节速度（旋转关节以弧度每秒为单位，棱柱关节以米每秒为单位）。

(8) <mimic>（可选）：此标签用于指定定义的关节模仿另一个现有关节。该关节的值可以计算为 value = multiplier * other_joint_value + offset。

joint（必填）：指定要模拟的关节的名称。

multiplier（可选）：指定上述公式中的乘法因子。

offset（可选）：指定要在上述公式中添加的偏移量，默认为 0（旋转关节的单位是弧度，棱柱关节的单位是米）。

(9) <safety_controller>（可选）：安全控制器。

soft_lower_limit（可选）：指定安全控制器开始限制关节位置的下关节边界，此限制需要大于 joint 下限。

soft_upper_limit（可选）：指定安全控制器开始限制关节位置的关节上边界的属性，此限制需要小于 joint 上限。

k_position（可选）：指定位置和速度限制之间的关系。

k_velocity（必填）：指定力和速度限制之间的关系。

URDF 语法
03_joint_02
练习

4. joint 示例

(1) 需求

创建机器人模型,底盘为长方体,在长方体的前面添加一个摄像头,摄像头可以沿着 Z 轴 360°旋转,如图 6-8 所示。

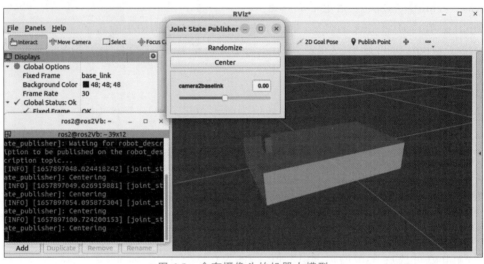

图 6-8 含有摄像头的机器人模型

URDF 语法
03_joint_03
joint_state_
publisher
作用

(2) 实现

在功能包 cpp06_urdf 的 urdf/urdf 目录下,新建 urdf 文件 demo03_joint.urf,并编辑文件,输入如下内容:

```xml
<!--
    需求:创建机器人模型,底盘为长方体,
         在长方体的前面添加一摄像头,
         摄像头可以沿着 Z 轴 360°旋转
-->
<robot name="joint_demo">
  <!-- 定义颜色 -->
  <material name="yellow">
    <color rgba="0.7 0.7 0 0.8" />
  </material>
  <material name="red">
    <color rgba="0.8 0.1 0.1 0.8" />
  </material>
  <link name="base_link">
    <visual>
      <!-- 形状 -->
      <geometry>
        <box size="0.5 0.3 0.1" />
      </geometry>
      <origin xyz="0 0 0" rpy="0 0 0" />
      <material name="yellow"/>
```

```xml
        </visual>
    </link>

    <!-- 摄像头 -->
    <link name="camera">
        <visual>
            <geometry>
                <box size="0.02 0.05 0.05" />
            </geometry>
            <origin xyz="0 0 0" rpy="0 0 0" />
            <material name="red" />
        </visual>
    </link>

    <!-- 关节 -->
    <joint name="camera2baselink" type="continuous">
        <parent link="base_link"/>
        <child link="camera" />
        <!-- 需要计算两个 link 的物理中心之间的偏移量 -->
        <origin xyz="0.2 0 0.075" rpy="0 0 0" />
        <axis xyz="0 0 1" />
    </joint>

</robot>
```

编译后,工作空间终端下调用如下命令执行:

```
ros2 launch cpp06_urdf display.launch.py model:=`ros2 pkg prefix --share cpp06_urdf`/urdf/urdf/demo03_joint.urdf
```

执行指令后,在 rviz2 中会显示机器人模型。
然后再新建终端,执行如下命令:

```
ros2 run joint_state_publisher_gui joint_state_publisher_gui
```

执行指令后,会弹出一个新的窗口,在该窗口中有一个"进度条",通过拖曳进度条可以控制相机旋转。

5. 使用 base_footprint 优化 urdf

(1) 需求

前面实现的机器人模型是半沉到地下的,因为默认情况下:底盘的中心点位于地图原点上,所以会导致这种情况产生,可以使用的优化策略是将初始 link 设置为一个尺寸极小的 link(比如半径为 0.001m 的球体,或边长为 0.001m 的立方体),然后再在初始 link 上添加底盘等刚体,这样实现虽然仍然存在初始 link 半沉的现象,但是基本可以忽略了,这个初始 link 一般称为 base_footprint,如图 6-9 所示。

(2) 实现

在功能包 cpp06_urdf 的 urdf/urdf 目录下,新建 urdf 文件 demo04_basefootprint.urdf,

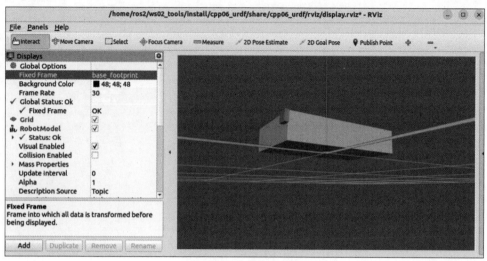

图 6-9 base_footprint 示意图

并编辑文件,输入如下内容:

```xml
<!--
    需求:为机器人模型添加 base_footprint
-->
<robot name="base_footprint_demo">
  <!-- 定义颜色 -->
  <material name="yellow">
    <color rgba="0.7 0.7 0 0.8" />
  </material>
  <material name="red">
    <color rgba="0.8 0.1 0.1 0.8" />
  </material>

  <link name="base_footprint">
    <visual>
      <geometry>
        <sphere radius="0.001"/>
      </geometry>
    </visual>
  </link>

  <link name="base_link">
    <visual>
      <!-- 形状 -->
      <geometry>
        <box size="0.5 0.3 0.1" />
      </geometry>
      <origin xyz="0 0 0" rpy="0 0 0" />
      <material name="yellow"/>
    </visual>
```

```xml
        </link>

        <joint name="baselink2basefootprint" type="fixed">
          <parent link="base_footprint"/>
          <child link="base_link"/>
          <origin xyz="0.0 0.0 0.05"/>
        </joint>

        <!-- 摄像头 -->
        <link name="camera">
            <visual>
                <geometry>
                    <box size="0.02 0.05 0.05" />
                </geometry>
                <origin xyz="0 0 0" rpy="0 0 0" />
                <material name="red" />
            </visual>
        </link>

        <!-- 关节 -->
        <joint name="camera2baselink" type="fixed">
            <parent link="base_link"/>
            <child link="camera" />
            <!-- 需要计算两个 link 的物理中心之间的偏移量 -->
            <origin xyz="0.2 0 0.075" rpy="0 0 0" />
            <axis xyz="0 0 1" />
        </joint>

</robot>
```

编译后,工作空间终端下调用如下命令执行：

```
ros2 launch cpp06_urdf display.launch.py model:=`ros2 pkg prefix --share cpp06_urdf`/urdf/urdf/demo04_basefootprint.urdf
```

执行指令后,在 rviz2 将 Fixed Frame 设置为 base_footprint,机器人模型将正常显示在"地面"上。

6.4.4 urdf 练习

1. urdf 练习需求

创建一个四轮机器人模型,如图 6-10 所示,机器人参数如下：底盘为长方体状,长 20cm,宽 12cm,高 7cm,车轮半径为 2.5cm,车轮厚度为 2cm,底盘离地间距为 1.5cm。

2. urdf 练习的实现

在功能包 cpp06_urdf 的 urdf/urdf 目录下,新建 urdf 文件 demo05_exercise.urdf,并编辑文件,输入如下内容：

URDF 练习_01_车体

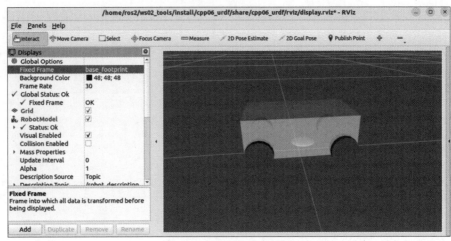

图 6-10 四轮机器人模型

```
<!--
    练习：编写四轮差速机器人的底盘模型

    参数：
        长 0.2m
        宽 0.12m
        高 0.07m
        离地 0.015m
        车轮半径:0.025m
        车轮厚度:0.02m

-->
<robot name="exercise_demo">
  <!-- 定义颜色 -->
  <material name="yellow">
    <color rgba="0.7 0.7 0 0.8" />
  </material>
  <material name="red">
    <color rgba="0.8 0.1 0.1 0.8" />
  </material>
  <material name="gray">
    <color rgba="0.2 0.2 0.2 0.8" />
  </material>

  <link name="base_footprint">
    <visual>
      <geometry>
        <sphere radius="0.001"/>
      </geometry>
    </visual>
  </link>
  <!-- 车体 -->
  <link name="base_link">
```

```xml
        <visual>
            <!-- 形状 -->
            <geometry>
                <box size="0.2 0.12 0.07" />
            </geometry>
            <origin xyz="0 0 0" rpy="0 0 0" />
            <material name="yellow"/>
        </visual>
    </link>

    <joint name="baselink2basefootprint" type="fixed">
      <parent link="base_footprint"/>
      <child link="base_link"/>
      <origin xyz="0.0 0.0 0.05"/>
    </joint>

    <!-- ==============车轮================== -->
    <!-- 左前轮 -->
    <link name="front_left_wheel">
        <visual>
            <geometry>
                <cylinder radius="0.025" length="0.02"/>
            </geometry>
            <origin xyz="0 0 0" rpy="1.57 0 0" />
            <material name="gray" />
        </visual>
    </link>

    <!-- 左前轮关节 -->
    <joint name="frontleftwheel2baselink" type="continuous">
        <parent link="base_link"/>
        <child link="front_left_wheel" />
        <!-- 需要计算两个 link 的物理中心之间的偏移量 -->
        <origin xyz="0.075 0.06 -0.025" rpy="0 0 0" />
        <axis xyz="0 1 0" />
    </joint>

    <!-- 右前轮 -->
    <link name="front_right_wheel">
        <visual>
            <geometry>
                <cylinder radius="0.025" length="0.02"/>
            </geometry>
            <origin xyz="0 0 0" rpy="1.57 0 0" />
            <material name="gray" />
        </visual>
    </link>

    <!-- 右前轮关节 -->
    <joint name="frontrightwheel2baselink" type="continuous">
```

```xml
      <parent link="base_link"/>
      <child link="front_right_wheel" />
      <!-- 需要计算两个 link 的物理中心之间的偏移量 -->
      <origin xyz="0.075 -0.06 -0.025" rpy="0 0 0" />
      <axis xyz="0 1 0" />
</joint>

<!-- 左后轮 -->
<link name="back_left_wheel">
  <visual>
      <geometry>
          <cylinder radius="0.025" length="0.02"/>
      </geometry>
      <origin xyz="0 0 0" rpy="1.57 0 0" />
      <material name="gray" />
  </visual>
</link>

<!-- 左后轮关节 -->
<joint name="backleftwheel2baselink" type="continuous">
  <parent link="base_link"/>
  <child link="back_left_wheel" />
  <!-- 需要计算两个 link 的物理中心之间的偏移量 -->
  <origin xyz="-0.075 0.06 -0.025" rpy="0 0 0" />
  <axis xyz="0 1 0" />
</joint>

<!-- 右后轮 -->
<link name="back_right_wheel">
  <visual>
      <geometry>
          <cylinder radius="0.025" length="0.02"/>
      </geometry>
      <origin xyz="0 0 0" rpy="1.57 0 0" />
      <material name="gray" />
  </visual>
</link>

<!-- 右后轮关节 -->
<joint name="backrightwheel2baselink" type="continuous">
  <parent link="base_link"/>
  <child link="back_right_wheel" />
  <!-- 需要计算两个 link 的物理中心之间的偏移量 -->
  <origin xyz="-0.075 -0.06 -0.025" rpy="0 0 0" />
  <axis xyz="0 1 0" />
</joint>

</robot>
```

编译后,工作空间终端下调用如下命令执行:

```
ros2 launch cpp06_urdf display.launch.py model:=`ros2 pkg prefix --share cpp06_urdf`/urdf/urdf/demo05_exercise.urdf
```

命令执行后,rviz2 中可以显示与需求类似的机器人模型。

6.4.5 urdf 工具

URDF 工具

在 ROS2 中,提供了一些 urdf 文件相关的工具,例如:
(1) check_urdf 命令可以检查复杂的 urdf 文件是否存在语法问题。
(2) urdf_to_graphviz 命令可以查看 urdf 模型结构,显示不同 link 的层级关系。
当然,要使用工具之前,请先安装,安装命令:sudo apt install liburdfdom-tools。

1. check_urdf 语法检查

进入 urdf 文件所属目录,调用 check_urdf urdf 文件,如果不抛出异常,说明文件合法,否则非法。

示例:终端下进入功能包 cpp06_urdf 的 urdf/urdf 目录,执行如下命令:

```
check_urdf demo05_exercise.urdf
```

urdf 文件如无异常,将显示 urdf 中 link 的层级关系,如图 6-11 所示。

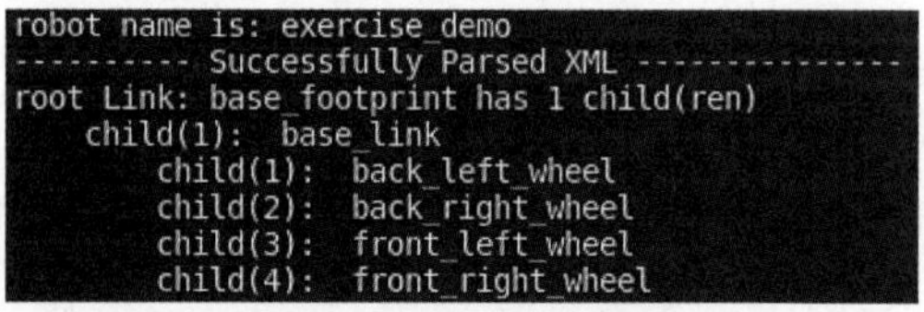

图 6-11 link 层级关系

否则将会给出错误提示。

2. urdf_to_graphviz 结构查看

进入 urdf 文件所属目录,调用:urdf_to_graphviz urdf 文件,当前目录下会生成 pdf 文件。

示例:终端下进入功能包 cpp06_urdf 的 urdf/urdf 目录,执行如下命令:

```
urdf_to_graphviz demo05_exercise.urdf
```

当前目录下,将生成以 urdf 中 robot 名称命名的 pdf 和 gv 文件,打开 pdf 文件会显示如图 6-12 所示的内容,以树结构显示了 link 与 joint 的关系。

注意:该工具以前名为 urdf_to_graphiz,现建议使用 urdf_to_graphviz 替代。

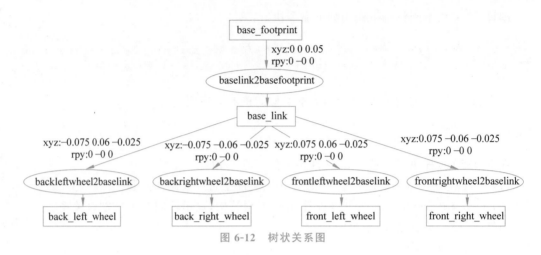

图 6-12　树状关系图

6.5　urdf 优化之 xacro

1. urdf 优化之 xacro 的适用场景

前面 urdf 文件构建机器人模型的过程中，存在以下若干问题。

问题 1：在设计关节的位置时，需要按照一定的规则计算，规则是固定的，但是在 urdf 中依赖人工计算，存在不便，容易计算失误，且当某些参数发生改变时，还需要重新计算。

问题 2：urdf 中的部分内容是高度重复的，比如车轮的设计实现，不同轮子只是部分参数不同，形状、颜色、翻转量都是一致的，在实际应用中，构建复杂的机器人模型时，更是易于出现高度重复的设计，按照一般的编程思想涉及重复代码应该考虑封装、复用，但是在之前的 urdf 文件中并没有相关操作。

……

如果在一般编程语言中遇到类似问题，我们可以通过变量结合函数来解决。对应地，在 ROS 中也给出了类似编程的优化方案，该方案称为 xacro。

2. urdf 优化之 xacro 的概念

xacro 是 XML Macros 的缩写，它是一种 XML 宏语言，是可编程的 XML。

xacro 可以声明变量，可以通过数学运算求解；可以使用流程控制执行顺序；还可以通过宏封装、复用功能，从而提高代码复用率以及程序的安全性。

3. urdf 优化之 xacro 的作用

较之于纯粹的 urdf 实现，xacro 可以编写更安全、精简、易读性更强的机器人模型文件，且可以提高编写效率。

6.5.1　xacro 快速体验

1. xacro 快速体验的需求

使用 xacro 优化 6.4.4 节 urdf 练习中的小车底盘的实现，需要使用变量封装车辆参数，并使用 xacro 宏封装轮子重复的代码并调用宏创建 4 个轮子（注意：在此演示 xacro 的基本使用，不必要生成合法的 urdf）。

2. xacro 快速体验的实现

在功能包 cpp06_urdf 的 urdf/xacro 目录下，新建 xacro 文件 demo01_helloworld.urdf.xacro，并编辑文件，输入如下内容：

```xml
<robot name="mycar" xmlns:xacro="http://wiki.ros.org/xacro">
    <!-- 属性封装 -->
    <xacro:property name="wheel_radius" value="0.025" />
    <xacro:property name="wheel_length" value="0.02" />
    <xacro:property name="PI" value="3.1415927" />

    <!-- 宏 -->
    <xacro:macro name="wheel_func" params="wheel_name" >
        <link name="${wheel_name}_wheel">
            <visual>
                <geometry>
                    <cylinder radius="${wheel_radius}" length="${wheel_length}" />
                </geometry>

                <origin xyz="0 0 0" rpy="${PI / 2} 0 0" />

                <material name="wheel_color">
                    <color rgba="0 0 0 0.3" />
                </material>
            </visual>
        </link>
    </xacro:macro>
    <xacro:wheel_func wheel_name="left_front"/>
    <xacro:wheel_func wheel_name="left_back"/>
    <xacro:wheel_func wheel_name="right_front"/>
    <xacro:wheel_func wheel_name="right_back"/>
</robot>
```

终端下进入当前文件功能包 cpp06_urdf 的 urdf/xacro 目录，输入如下指令：

```
xacro demo01_helloworld.urdf.xacro
```

终端将会输出如下内容：

```xml
<?xml version="1.0"?>
<!-- =================================================================================== -->
<!-- |    This document was autogenerated by xacro from demo01_helloworld.urdf.xacro    | -->
<!-- |    EDITING THIS FILE BY HAND IS NOT RECOMMENDED                                  | -->
<!-- =================================================================================== -->
<robot name="mycar">
  <link name="left_front_wheel">
    <visual>
      <geometry>
```

```xml
        <cylinder length="0.02" radius="0.025"/>
      </geometry>
      <origin rpy="1.57079635 0 0" xyz="0 0 0"/>
      <material name="wheel_color">
        <color rgba="0 0 0 0.3"/>
      </material>
    </visual>
  </link>
  <link name="left_back_wheel">
    <visual>
      <geometry>
        <cylinder length="0.02" radius="0.025"/>
      </geometry>
      <origin rpy="1.57079635 0 0" xyz="0 0 0"/>
      <material name="wheel_color">
        <color rgba="0 0 0 0.3"/>
      </material>
    </visual>
  </link>
  <link name="right_front_wheel">
    <visual>
      <geometry>
        <cylinder length="0.02" radius="0.025"/>
      </geometry>
      <origin rpy="1.57079635 0 0" xyz="0 0 0"/>
      <material name="wheel_color">
        <color rgba="0 0 0 0.3"/>
      </material>
    </visual>
  </link>
  <link name="right_back_wheel">
    <visual>
      <geometry>
        <cylinder length="0.02" radius="0.025"/>
      </geometry>
      <origin rpy="1.57079635 0 0" xyz="0 0 0"/>
      <material name="wheel_color">
        <color rgba="0 0 0 0.3"/>
      </material>
    </visual>
  </link>
</robot>
```

显然，通过 xacro 我们方便地实现了代码复用。

6.5.2 xacro 使用语法

xacro 提供了可编程接口，类似于计算机语言，包括变量声明调用、函数声明与调用等语法实现。在使用 xacro 生成 urdf 时，根标签 robot 中必须包含命名空间声明：xmlns：

xacro="http://wiki.ros.org/xacro"。

1. 变量与算术运算

变量用于封装 urdf 中的一些字段，比如 PAI 值、小车的尺寸、轮子半径等，变量的基本使用语法包括变量定义、变量调用、变量运算等。

(1) 变量定义

语法格式：

```
<xacro:property name="变量名" value="变量值" />
```

示例：

```
<xacro:property name="PI" value="3.1416"/>
<xacro:property name="wheel_radius" value="0.025"/>
<xacro:property name="wheel_length" value="0.02"/>
```

(2) 变量调用

语法格式：

```
${变量名}
```

示例：

```
<geometry>
    <cylinder radius="${wheel_radius}" length="${wheel_length}" />
</geometry>
```

(3) 变量运算

语法格式：

```
${数学表达式}
```

示例：

```
<origin xyz="0 0 0" rpy="${PI / 2} 0 0" />
```

2. 宏

宏类似于函数实现，可提高代码复用率，优化代码结构，提高安全性。宏的基本使用语法包括宏的定义与调用。

(1) 宏定义

语法格式：

```
<xacro:macro name="宏名称" params="参数列表(多参数之间使用空格分隔)">
    ……
    参数调用格式：${参数名}
```

```xml
    </xacro:macro>
```

示例:

```xml
<xacro:macro name="wheel_func" params="wheel_name" >
    <link name="${wheel_name}_wheel">
        <visual>
            <geometry>
                <cylinder radius="${wheel_radius}" length="${wheel_length}" />
            </geometry>

            <origin xyz="0 0 0" rpy="${PI / 2} 0 0" />

            <material name="wheel_color">
                <color rgba="0 0 0 0.3" />
            </material>
        </visual>
    </link>
</xacro:macro>
```

URDF 优化_xacro 语法_03 宏

(2) 宏调用

语法格式:

```xml
<xacro:宏名称 参数 1=xxx 参数 2=xxx/>
```

示例:

```xml
<xacro:wheel_func wheel_name="left_front"/>
<xacro:wheel_func wheel_name="left_back"/>
<xacro:wheel_func wheel_name="right_front"/>
<xacro:wheel_func wheel_name="right_back"/>
```

URDF 优化_xacro 语法_04 文件包含

3. 文件包含

机器人由多部件组成,不同部件可能封装为单独的 xacro 文件,最后再将不同的文件集成,组合为完整机器人,可以使用文件包含来实现。

语法格式:

```xml
<xacro:include filename="其他 xacro 文件" />
```

示例:

```xml
<robot name="car" xmlns:xacro="http://wiki.ros.org/xacro">
    <xacro:include filename="car_base.xacro" />
    <xacro:include filename="car_camera.xacro" />
    <xacro:include filename="car_laser.xacro" />
</robot>
```

6.5.3 xacro 练习

1. xacro 练习的需求

使用 xacro 创建一个四轮机器人模型,如图 6-13 所示。该模型底盘可以参考 6.4.4 节 urdf 练习中的实现,并且在底盘之上添加了相机与激光雷达。相机与激光雷达的尺寸参数、安装位置可自定义。

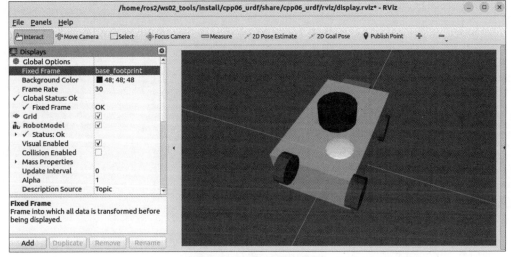

图 6-13 四轮机器人模型

2. xacro 练习的分析

需求中的机器人模型是由底盘、摄像头和雷达三部分组成的,那么可以将每一部分都封装进一个 xacro 文件,最后再通过 xacro 文件包含组织成一个完整的机器人模型。

3. xacro 练习的实现

功能包 cpp06_urdf 的 urdf/xacro 目录下,新建多个 xacro 文件,分别如下。

(1) car.urdf.xacro:用于包含不同机器人部件对应的 xacro 文件。

(2) car_base.urdf.xacro:描述机器人底盘的 xacro 文件。

(3) car_camera.urdf.xacro:描述摄像头的 xacro 文件。

(4) car_laser.urdf.xacro:描述雷达的 xacro 文件。

编辑 car.urdf.xacro 文件,输入如下内容:

```xml
<robot name="car" xmlns:xacro="http://wiki.ros.org/xacro">
    <xacro:include filename="car_base.urdf.xacro"/>
    <xacro:include filename="car_camera.urdf.xacro"/>
    <xacro:include filename="car_laser.urdf.xacro"/>
</robot>
```

编辑 car_base.urdf.xacro 文件,输入如下内容:

```xml
<robot xmlns:xacro="http://wiki.ros.org/xacro">
    <!-- PI 值 -->
    <xacro:property name="PI" value="3.1416"/>
```

```xml
<!-- 定义车辆参数 -->
<!-- 车体长宽高 -->
<xacro:property name="base_link_x" value="0.2"/>
<xacro:property name="base_link_y" value="0.12"/>
<xacro:property name="base_link_z" value="0.07"/>
<!-- 离地间距 -->
<xacro:property name="distance" value="0.015"/>
<!-- 车轮半径 宽度 -->
<xacro:property name="wheel_radius" value="0.025"/>
<xacro:property name="wheel_length" value="0.02"/>

<!-- 定义颜色 -->
<material name="yellow">
    <color rgba="0.7 0.7 0 0.8" />
</material>
<material name="red">
    <color rgba="0.8 0.1 0.1 0.8" />
</material>
<material name="gray">
    <color rgba="0.2 0.2 0.2 0.95" />
 </material>
<!-- 定义 base_footprint -->
<link name="base_footprint">
    <visual>
        <geometry>
            <sphere radius="0.001"/>
        </geometry>
    </visual>
</link>
<!-- 定义 base_link -->
<link name="base_link">
    <visual>
        <!-- 形状 -->
        <geometry>
            <box size="${base_link_x} ${base_link_y} ${base_link_z}" />
        </geometry>
        <origin xyz="0 0 0" rpy="0 0 0" />
        <material name="yellow"/>
    </visual>
</link>
<joint name="baselink2basefootprint" type="fixed">
    <parent link="base_footprint"/>
    <child link="base_link"/>
    <origin xyz="0.0 0.0 ${distance + base_link_z / 2}"/>
</joint>
<!-- 车轮宏定义 -->
<xacro:macro name="wheel_func" params="wheel_name is_front is_left" >
    <link name="${wheel_name}_wheel">
        <visual>
            <geometry>
```

```xml
                <cylinder radius="${wheel_radius}" length="${wheel_length}" />
            </geometry>
            <origin xyz="0 0 0" rpy="${PI / 2} 0 0" />
            <material name="gray"/>
        </visual>
    </link>
    <joint name="${wheel_name}2baselink" type="continuous">
        <parent link="base_link"  />
        <child link="${wheel_name}_wheel" />
        <origin xyz="${(base_link_x / 2 - wheel_radius) * is_front} ${base_link_y / 2 * is_left} ${(base_link_z / 2 + distance - wheel_radius) * -1}" rpy="0 0 0" />
        <axis xyz="0 1 0" />
    </joint>
</xacro:macro>
<!-- 车轮宏调用 -->
<xacro:wheel_func wheel_name="left_front" is_front="1" is_left="1" />
<xacro:wheel_func wheel_name="left_back" is_front="-1" is_left="1" />
<xacro:wheel_func wheel_name="right_front" is_front="1" is_left="-1" />
<xacro:wheel_func wheel_name="right_back" is_front="-1" is_left="-1" />
</robot>
```

编辑 car_camera.urdf.xacro 文件，输入如下内容：

```xml
<!-- 摄像头相关的 xacro 文件 -->
<robot xmlns:xacro="http://wiki.ros.org/xacro">
    <!-- 摄像头属性 -->
    <xacro:property name="camera_x" value="0.012" /> <!-- 摄像头长度(x) -->
    <xacro:property name="camera_y" value="0.05" /> <!-- 摄像头宽度(y) -->
    <xacro:property name="camera_z" value="0.01" /> <!-- 摄像头高度(z) -->
    <xacro:property name="camera_joint_x" value="${base_link_x / 2 - camera_x / 2}" /> <!-- 摄像头安装的 x 坐标 -->
    <xacro:property name="camera_joint_y" value="0.0" /> <!-- 摄像头安装的 y 坐标 -->
    <xacro:property name="camera_joint_z" value="${base_link_z / 2 + camera_z / 2}" /> <!-- 摄像头安装的 z 坐标:底盘高度 / 2 + 摄像头高度 / 2  -->

    <!-- 摄像头关节以及 link -->
    <link name="camera">
        <visual>
            <geometry>
                <box size="${camera_x} ${camera_y} ${camera_z}" />
            </geometry>
            <origin xyz="0.0 0.0 0.0" rpy="0.0 0.0 0.0" />
            <material name="red" />
        </visual>
    </link>

    <joint name="camera2baselink" type="fixed">
```

```xml
        <parent link="base_link" />
        <child link="camera" />
        <origin xyz="${camera_joint_x} ${camera_joint_y} ${camera_joint_z}" />
    </joint>
</robot>
```

URDF 优化_xacro 练习_05 添加雷达

编辑 car_laser.urdf.xacro 文件,输入如下内容:

```xml
<!--
    小车底盘添加雷达
-->
<robot xmlns:xacro="http://wiki.ros.org/xacro">

    <material name="blue">
        <color rgba="0.0 0.0 0.4 0.95" />
    </material>

    <!-- 雷达属性 -->
    <xacro:property name="laser_length" value="0.03" /> <!-- 雷达长度 -->
    <xacro:property name="laser_radius" value="0.03" /> <!-- 雷达半径 -->
    <xacro:property name="laser_joint_x" value="0.0" /> <!-- 雷达安装的 x 坐标 -->
    <xacro:property name="laser_joint_y" value="0.0" /> <!-- 雷达安装的 y 坐标 -->
    <xacro:property name="laser_joint_z" value="${base_link_z / 2 + laser_length / 2}" /> <!-- 雷达安装的 z 坐标:车体高度 / 2 + 雷达高度 / 2   -->

    <!-- 雷达关节以及 link -->
    <link name="laser">
        <visual>
            <geometry>
                <cylinder radius="${laser_radius}" length="${laser_length}" />
            </geometry>
            <origin xyz="0.0 0.0 0.0" rpy="0.0 0.0 0.0" />
            <material name="blue" />
        </visual>
    </link>

    <joint name="laser2baselink" type="fixed">
        <parent link="base_link" />
        <child link="laser" />
        <origin xyz="${laser_joint_x} ${laser_joint_y} ${laser_joint_z}" />
    </joint>
</robot>
```

编译后,工作空间终端下调用如下命令执行:

```
ros2 launch cpp06_urdf display.launch.py model:=`ros2 pkg prefix --share cpp06_urdf`/urdf/xacro/car.urdf.xacro
```

命令执行后,rviz2 中可以显示与需求类似的机器人模型。

6.6 本章小结

本章小结

本章主要介绍了两部分内容：
- rviz2；
- urdf。

rviz2 是 ROS2 中的可视化工具，借助于 rviz2 可以显示机器人系统中的抽象数据，让调用者可以机器人的视角看世界。

urdf 是用于描述机器人模型的 xml 文件，可以使用具有不同含义的标签描述机器人的各种属性，urdf 文件编写完毕后，集成进 rviz2 即可显示机器人模型。另外鉴于 urdf 编写机器人模型代码冗余，在 ROS2 中还提供了 xacro，xacro 是可编程的 urdf，可以变量的方式封装机器人参数，以宏的方式实现代码复用，较之于 urdf，它的代码实现更为精简、高效且易读。

图书资源支持

感谢您一直以来对清华版图书的支持和爱护。为了配合本书的使用，本书提供配套的资源，有需求的读者请扫描下方的"书圈"微信公众号二维码，在图书专区下载，也可以拨打电话或发送电子邮件咨询。

如果您在使用本书的过程中遇到了什么问题，或者有相关图书出版计划，也请您发邮件告诉我们，以便我们更好地为您服务。

我们的联系方式：

清华大学出版社计算机与信息分社网站：https://www.shuimushuhui.com/

地　　址：北京市海淀区双清路学研大厦 A 座 714

邮　　编：100084

电　　话：010-83470236　010-83470237

客服邮箱：2301891038@qq.com

QQ：2301891038（请写明您的单位和姓名）

资源下载：关注公众号"书圈"下载配套资源。

书圈

清华计算机学堂

观看课程直播